Utilitarianism
John Stuart Mill

功利主义

[英] 约翰·穆勒 著

欧阳瑾 译

上海文化出版社
SHANGHAI CULTURE PUBLISHING HOUSE

果麦文化　出品

CONTENTS 目录

导 读

　　作为哲学的一门分支科学，伦理学（Ethics）也被称为道德哲学（Moral Philosophy）。它以道德为研究对象，要解决的是道德和利益的问题；其中包括两个方面，一是经济利益与道德的关系，二是个人利益与社会（整体）利益之间的关系。人们对这个基本问题的不同回答，不但决定了各种道德体系的原则与规范，也决定了各种道德活动的评判标准和价值取向。由于探究的是最终价值的本质和评判人类行为对错的标准，以便为人类的行为提供道德指导，并在解决社会冲突和促进社会和谐方面提供帮助，因此伦理学也被誉为一门"使人类光荣的科学"。

　　在近代西方哲学史上，穆勒晚年所著的《功利主义》（*Utilitarianism*，1861 年），无疑是伦理学领域浓墨重彩的一笔。它不仅奠定了穆勒作为近现代功利主义哲学理论集大成者和代表人物之一的地位，对近现代的西方伦理学产生了巨大的影响，还让这种影响逐渐传播到了东方，使得功利主义如今仍在全球许多领域发挥着重要的作用。

出于这个原因，商务印书馆早在近一百年前的 20 世纪 30 年代，就已引入和出版了该书的中译本。此后，尤其是进入 21 世纪以来，随着我国读者阅读经典名著的兴趣日渐高涨，国内又陆续出版了多种译本，让更多读者接触到了穆勒及其著作，也让我们更深入地了解了穆勒的观点和功利主义伦理学。不过，因为哲学著作大多以说理和逻辑论证为重点，普通读者阅读起来无疑会觉得乏味，伦理学著作自然也不例外，所以我们这次重译的目的很明确，那就是献给普通读者一个真正的尽可能通俗的译本。为此，我们秉持扬长避短的原则，一方面努力吸纳其他译本的优点、克服其不足，另一方面努力厘清和捋顺前后文之间的逻辑关系，提升阅读体验。

为了更好地阅读和理解《功利主义》，我们不妨先来了解一下它的作者穆勒的生平和著述、功利主义的发展情况，以及这种伦理学的优点与局限性等方面，然后简要梳理《功利主义》的内容，让读者在阅读之前有个大致的了解。

一、穆勒：非常规教育的典范和功利主义哲学的接班人

穆勒全名约翰·斯图亚特·穆勒（John Stuart Mill，1806—1873），是 19 世纪英国一位杰出的哲学家、经济学家、政治评论家及古典自由主义思想家。他也是著名的功利主义哲学家詹姆士·穆勒（James Mill，1773—1836）的长子。在父亲的精心安排下，约翰·穆勒从 3 岁起学习希腊文和算术，8 岁开始了解拉丁文、代数、几何，9 岁就尝试读一些希腊史学家的重要著作，12 岁时接触逻辑学和哲学；因此，少年阶段结束时，穆勒已经具备了广博的知识。据约翰·穆勒自述，这种非常规教育使得他比同龄人"早起步了 25 年"，最终不出所望地成了西方早期教育的成功典范之一。

穆勒接受的这种早期教育，是建立在功利主义伦理学的基础上的。詹姆士与英国著名的功利主义哲学家、法理学家、经济学家杰里米·边沁（Jeremy Bentham，1748—1832）是朋友，两人都深受约翰·洛克（John Locke，1632—1704）的心理理论影响，认为人的心灵最初就像一张白纸，思想则来自感觉经验（sense-experience）的积累；也就是说，只要从小开始进行适当的训练，一个人的心灵可以吸收和理解的知识量可以远超常人的想象（如今我们还经常听到这样的说法）。洛克是英国哲学家及医生，被誉为"自由主义之父"，而边沁本身曾是神童。所以，詹姆士用对儿

子的培养来验证这种理论，就不足为奇了。在成长的过程中，约翰·穆勒与边沁常有接触，且在边沁死后还负责整理其著作，因此自然而持续地受到了功利主义思想的浸润，最终成了他们的接班人和功利主义学派的领军人物。

尽管穆勒在他的自传中曾经肯定地说，任何一个身体健康的普通孩子经过相同的训练都可以达到相同的结果——似乎他很赞同这种训练——但对于捍卫个人自由的穆勒而言，他在接受这种训练的过程中其实是毫无个人自由和快乐可言的。他完全就是詹姆士与边沁两人的试验对象，因为在自传的一个早期版本中，穆勒曾称"我的教育不是爱的教育，而是畏惧的教育……我父亲的孩子们既不爱他，也不会带着任何温暖的情感去爱其他任何一个人"；他的一位朋友则称，穆勒小的时候没有童年，因为他从不跟其他孩子一起玩耍，对生活可谓一窍不通[1]。

不过，正是由于这种训练让他积累了深厚的古典哲学功底，青年时期的穆勒才能对政治经济学、法学、心理学、逻辑学等领域展开深入的研究，并且发表了很多相关的论文。1823 年，年仅 17 岁的穆勒进入英国的东印度公司任职。这种轻松的公务生

1　　参见 M. 圣约翰·帕克（M. St John Packe）《约翰·斯图亚特·穆勒传》（*The Life of John Stuart Mill*），塞克华宝出版社，1954 年。如无特别说明，均为译者注。

涯，使得他有了大量的时间从事学术研究和思考；于是，他开始大量浏览和分析持不同观点者的著作，并且逐步修正和完善了原来的功利主义观，撰写了《逻辑体系：演绎与归纳》（*A System of Logic, Ratiocinative and Inductive*，1843 年，严复曾译之为《穆勒名学》）、《政治经济学原理》（*Principles of Political Economy with Some of Their Applications to Social Philosophy*，1848 年）、《论自由》（*On Liberty*，1859 年，参见拙译《论自由》，上海文化出版社，2020 年）、《论代议制政府》（*Considerations on Representative Government*，1861 年）、《妇女的屈从地位》（*The Subjection of Women*，1869 年）等不朽的作品。本书就是穆勒系统而全面地论述功利主义伦理观的一部名作，它奠定了穆勒作为功利主义学派的集大成者和代表人物之一的地位。晚年的穆勒还担任过一届国会议员（1865 年—1868 年），在任内曾为改革法案与劳动阶级的利益做出了很大的贡献，并且极力参与政治与社会改良工作，真正践行了自己秉持的功利主义道德。

二、功利主义伦理学概述

功利主义是一种把实际效用或利益作为道德标准的伦理学说，亦称"功利论""效用论"或"效用（功用）主义"等，是近现代西方社会中的主流思潮——自由主义的三大派别之一（剩下两个派别是自由平等主义和自由至上主义）。

早在功利主义正式成为一种哲学理论之前，世间就出现了功利主义思想的雏形。有人认为功利主义源于古希腊的快乐主义伦理学传统，最早可以追溯到亚里斯提卜（Aristippus，约公元前435年—公元前356年）所创立的昔勒尼学派（Cyrenaics）。亚里斯提卜把认识论中的感觉论和伦理学中的快乐主义结合起来，认为感觉是"真"与"善"的标准；他把苏格拉底的"至善"理解为快乐，声称感官快乐和个人享受就是人生的追求目的。也就是说，他认为最高的善只能存在于快乐之中，快乐则是衡量一切价值的尺度，因此伦理学就是一种追求最大快乐的学说。公元前4世纪的伊壁鸠鲁（Epicurus，公元前341年—公元前270年）、公元前5世纪的德谟克利特（Democritus，约公元前460年—公元前370年）等哲学家，都可以说是功利主义的古代先驱。受此影响，近现代的许多哲学家与伦理学家也都具有功利主义倾向。东方的情况也是如此。中国古代的墨子及其追随者倡行的伦理学说里，就存在着类似的功利主义思想。比如《墨子·非攻下》中的"利人多，功故又大，是以天赏之"（带给人们许多的利益，功劳很大，所以上天会赏赐于他），显然就与功利主义中的"最大幸福原则"不谋而合。此外，宋代的思想家叶适与陈亮也曾主张功利之学。

虽说源流久远，但功利主义伦理学却是到了欧洲的文艺复兴时期之后，以这场运动和人性的发扬为历史基础才得以真正形成的。在英国资产阶级革命时期，霍布斯（Thomas Hobbes，1588—1679）和洛克两人继承英国经验主义哲学的传统，论证了功利主义的人性基础（趋乐避苦的本性），设想了人们实现共同利益的方法和途径，从而初步构筑了功利主义的理论体系。18 世纪法国资产阶级革命前夕，爱尔维修（Claude Adrien Helvétius，1715—1771）和霍尔巴赫（Paul-Henri Dietrich baron'd Holbach，原名 Paul Heinrich Dietrich，1723—1789）两人则把功利主义理想化，为反对封建社会的意识形态提供了思想动力。德国的黑格尔（G. M. F. Hegel，1770—1831）从纯粹的理论思辨方面着手，论证了功利主义理论是启蒙运动带来的最终结果。英国资产阶级革命胜利之后，功利主义通过葛德文（William Godwin，1756—1836）和边沁获得了进一步发展。接下来，边沁和穆勒父子又把功利主义和政治经济学完美地结合起来，使之变成了西方古典经济学的思想基石。此后，再经西季威克（Henry Sidgwick，1838—1900）、摩尔（G. E. Moore，1873—1958）等人的批判、修正与完善，功利主义伦理学不断发展和传播至今，成为了一种具有跨文化影响力的思想体系。

1781 年，边沁率先提出了"功利主义"一词。他认为，所谓的道德就在于追求快乐，而快乐的根源又在于利益得到满足，因此利益即功利就是人们行为的唯一目的和检验标准，是人类获得幸福的基础。由于他把社会看作个人的总和，把社会利益看作个人利益的总和，因此边沁得出结论——道德生活的目的就是追求"最大多数人的最大幸福"，这是功利主义的总体原则，简称最大幸福原则。只不过，边沁对快乐或幸福的量化研究过于简单，因为他认为不同种类行为的唯一差异就在于它们会产生出不同程度的快乐；他还认为，我们既无必要、也不可能去证明功利主义道德——功利主义原则是最高的道德原则，而最高原则是不言自明的。所以，边沁功利主义理论的缺陷是显而易见的。

　　穆勒的功利主义则更为精致，因为他引入了"质"的量度，围绕着"最大幸福"这一核心原则，论证了快乐与幸福还有"更高等的"和"更低等的"之分，并且将"幸福"与"单纯的满足"区分开来。他认为，对真正的功利主义而言，一个主要的目标就是让尽可能多的人尽可能地获得幸福，而不是让他们尽可能地获得满足。他承认，理智的、情感的、想象的和道德情操上的快乐要比纯粹的感官快乐有价值得多。比如，穆勒说："假如有人发问，问我说的快乐在'质'的方面具有差异是什么意思，或者仅仅就快乐而言，除了'量'更大以外，究竟是什么让一种快乐比另一种快乐更加可贵，那么，我给出的回答可能只有一个。在两种快乐当中，假如所有或几乎所有体验过二者的人都明确地偏好其中的一种，而不管他们是否觉得自己有道德义务去偏好它，那么，它就是更值得我们去追求的那种快乐。假如那些对两种快乐都相当熟悉的人认为其中之一远远优于另一种，因而更喜欢它，就算知道它会带来更多的不满足感也不改初衷，并且不会由于天性使得他们可以获得更多的另一种快乐而放弃前者，那我们就完全有理由认为，这是因为受到偏爱的那种快乐在'质'的方面具有一种远远超过了'量'的优势，以至于相对而言，'量'就变得无足轻重了。"[1]

边沁和穆勒都认为人类的行为完全以快乐和痛苦为动机，而人类行为的唯一目的就是追求幸福，所以是否促进幸福就成了检验人类一切行为对错的标准。因此，功利主义伦理学不仅在哲学领域有着重要的意义，还对社会生活的各个方面（比如现当代西方的主流政治学、经济学、法学等领域）产生了巨大的影响。英国哲学家、法理学家哈特（H.L.A.Hart，1907—1992）论及功利主义的历史命运时指出，功利主义曾经"是被广泛接受的信念"，构成了英美自由主义哲学的基础；在近代相当长的一段时期里，至少对西方传统的政治哲学界来说，他们的基本信念都是"某种形式的功利主义……必然会揭示政治道德的实质。"[2] 即便是到了

---

1   参见本书第二章。前言部分含有众多引文。如无特别注明，它们都引自对应的正文章节。

2   参见哈特《功利与正义之间》（*Between Utility and Right*），见于艾伦·莱恩（Alan Ryan）编著《自由观》（*The Idea of Freedom*），牛津大学出版社，1979年，第77页。

如今，功利主义理论也仍在众多领域里直接或间接发挥着或隐或显的作用，因此值得我们去研究。

三、《功利主义》：一部简短而深刻的功利主义伦理学著作

《功利主义》篇幅虽然简短，却是一部不朽的功利主义伦理学名著。它不仅对功利主义的基本精神、核心概念、主要原理做出了相当完备而又深入清晰的阐述，而且从功利主义的立场出发，澄清了道德伦理学中的一些根本问题，是论述功利主义的代表之作。下面我们就来简单讲一下这部作品的基本内容，以便更好地帮助读者提纲挈领地去领会全作。

全书共有五章，其中的第一章就是总论。穆勒开门见山，首先指出了道德伦理学的现状，指出人类"在解决颇具争议的是非标准问题上一直都没有什么进展"，并且如今对至善即道德基础的问题仍然存有争议，依然没有达成一致意见。接着，穆勒对比了其他科学的情况，分析了归纳伦理学与直觉伦理学之间的差异与不足，批判了康德伦理学思想的局限性，并且得出了"检验是非的标准必定是确定对错的手段，而不是一种已经确定了对错的结果"和功利原则即边沁所称的最大幸福原则对形成各种道德学说发挥了很大的作用、功利主义观点对先验派伦理学家来说必不可少的结论。他指出，尽管功利原则属于终极目的，因而"无法

直接加以证明"，但他可以提出许多"能够决定理智究竟是赞成还是不赞成功利学说"的考量因素，从"证明"一词的宽泛含义上去论证这种理论。因此，这一章实际上是说明了穆勒写《功利主义》的目的和所用的论证方法。

在第二章里，穆勒不但论述了功利主义的含义，还澄清了这种理论中的一些基本观点和核心概念。他引入了一系列反对功利主义的观点，然后逐一批驳、分析和论证，并且在此过程中对伦理学的基本问题、主要原理做出了经典的回答和界定。

承认功利或最大幸福原则属于道德根基的信条，认为行为之所以正确，是因为它们有增进幸福的倾向，而行为之所以错误，则是因为它们有造成不幸的倾向。所谓的幸福，就是指快乐且没有痛苦；所谓的不幸，就是指痛苦且没有快乐。快乐与摆脱痛苦是唯一值得追求的两大人生目的，而所有值得追求的东西（在功利主义理论和其他任何一种理论中，这些东西都不胜枚举）之所以值得追求，要么是因为它们本身含有内在的快乐，要么就是因为它们属于增进快乐和防范痛苦的手段。

也就是说，功利主义伦理学认为，唯一能够判定行为对错的最终道德标准，就是看行为能否增进人的幸福；而人生唯一的终极目标，就是追求幸福、追求快乐和摆脱痛苦。当然，这里的快乐并不是指"禽兽的欲求"即纯粹的感官快乐，人生也并不是"禽兽的生活"，因为"人类拥有种种比禽兽的欲求更加高尚的官能；一旦认识到这些官能，那么凡是不能满足这些官能的东西，我们都不会视之为幸福"。所以，在对有些人认为把快乐当成人生最高目标的信条"是一种只配得上猪猡去拥有的信条"进行批驳时，穆勒指出"承认某些类型的快乐要比其他快乐更值得追求和更加重要这个事实，与功利原则完全一致"。

接下来，穆勒虽然没有明说，却引入了"质"的量度，对边沁的快乐量化研究进行了批判和修正。他这样做的原因，是显而易见的："在评价其他所有事物的时候，我们会考虑到'质'和'量'两个方面，而在评价快乐的时候，却认为只需考虑'量'这一个方面，无疑是一种很荒谬的观点。"引入了"质"的量度之后，自然就有了层次较高的快乐与层次较低的快乐之分。他认为，"在两种快乐当中，……受到偏爱的那种快乐在'质'的方面具有一种远远超过了'量'的优势，以至于相对而言，'量'就变得无足轻重了"，所以"那些同等地熟悉并且能够同等地重视和享受两种快乐的人，确实会极其显著地偏好那种能够运用其高等官能的生活方式"。换言之，由于人类拥有"对自由和人格独立的热爱"，因此我们不能仅仅满足于单纯的、低等的感官快乐。正是在此基础上，穆勒写下了这样一句名言："做一个不满足的人，胜过做一头满足的猪；宁可做一个不满足的苏格拉底，也不要做一个满足的傻瓜。"

穆勒还分析和批驳了其他一些观点，比如"许多拥有层次较高的快乐的人偶尔也会经不住诱惑，把层次较高的快乐置于层次较低的快乐之后"，并指出"这并不是因为他们有意偏爱低级快乐，而是因为他们只能获得这种快乐，或他们只能继续享有这种快乐"。他由此得出结论，最大幸福原则并不是指行为人自身的最大幸福，而是指整个人类的最大幸福。再比如，有些人由于认为"幸福是不可企及的"以及"人类没有幸福也能生存"，所以得出"任何形式的幸福都不可能是人类生活和行为的理性目的"的结论。对此，穆勒反驳"功利不止包括追求幸福，还包括防范或者减轻不幸"，实际上就是包括了我们所说的趋利和避害两个方面。虽然人类可以在没有幸福的情况下生活，但高尚者只是"为了某种被他们视为比个人幸福更加重要的东西，才过着没有幸福的生活"；事实上，"这种自我牺牲必定是为了实现某种目的，而且这种目的并不是自我牺牲本身"，而是为了"增进世间的幸福"。功利主义"拒绝承认牺牲本身是一种善行"，因为"一种牺牲若是不会增进幸福，或没有增进幸福的倾向，那就是一种浪费"。他总结道："构成功利主义评价正确行为之标准的幸福，并不是指行为人自身的幸福，而是指所有相关者的幸福。"功利主义道德理想的完美形式就是"己所欲，施于人"和"爱邻如己"，也就是"要求世人戒除明显有害于整个社会的行为"。

最后，穆勒澄清了世人对功利主义的一些其他误解，比如认为功利学说是一种"无神论的学说""一种不道德的学说"，把

"功利"冠以"私利"之名，以及其他反对功利主义的陈词滥调，等等。

第三章论述了功利原则这种道德标准的终极约束力问题。穆勒首先指出"功利原则具备其他任何一种道德体系所具有的一切约束力"，而这些约束力又分为两种，即内在约束力和外在约束力。然后，穆勒重点论述了其中的内在约束力，指出它是"我们内心的一种情感，是一种随着违反义务而产生的、强烈程度不一的痛苦"，是"良知的本质"。接下来，穆勒探讨了义务感（即道德情感）究竟是与生俱来的还是后天习得的，指出不管它是具有先验性起源还是后天习得的，对功利原则都没有影响。功利主义道德具有一种强大有力的天然情感基础，即"与我们的同胞保持和睦一致的愿望"，也就是顾及他人的利益；只要承认普遍幸福是道德标准，这种情感基础就会成为功利主义道德的力量。所以，这种道德情感就是功利主义道德，即最大幸福原则的终极约束力。

第四章探讨了对功利原则的证明问题。哲学的本质就是批判与论证，因此对道德标准的证明是伦理学中的关键问题。穆勒在总论中就已指出，他对功利主义理论的证明属于宽泛意义上的，所以本章中的证明，自然也并非严格意义上的逻辑证明。对于"幸福是唯一值得我们去追求的目的"这一点，穆勒首先运用了类比的方法："能够证明一个物体可见的唯一证据，就是人们确实看到了这个东西；能够证明一种声音可以被听见的唯一证据，就是人们确实听到了这种声音。……同理，我认为可以证明任何一种东西值得追求的唯一证据，就是人们确实想要得到它。"

由于每个人都是因为相信自己可以获得幸福才去追求自身的幸福，因此普遍幸福就是值得普遍去追求的。他认为，这个事实就证明了"幸福是一种善——每个人的幸福对其自身来说都是一种善，因此普遍幸福对所有人组成的整体而言也是一种善。幸福既然已经确立为行为的目的之一，所以也成了道德标准之一"。

只不过，这种论证的逻辑缺陷是显而易见的：从每个人都追求自身幸福的事实，并不能直接得出人人都追求普遍幸福的结论。更何况，本章前文中曾指出，功利主义道德在原则上会允许为了普遍幸福而牺牲某些人的利益，这种情况对牺牲者来说，无疑也并不属于他自身的幸福。

此外，穆勒阐述了幸福与美德之间的关系。美德不但是实现幸福的手段，而且是幸福的组成要素，是幸福的一部分；美德"本身就是一种善"，因此要求我们"把热爱美德视为促进普遍幸福的首要条件"。他还分析了意志和渴望之间的区别，指出"我们常常并不是因为渴望才想要获得某种东西，而完全是因为我们想要获得某种东西才会心生渴望"，并且进一步说明了增强世人道德意志的方法，那就是"让他们渴望获得美德"，唤起他们想要变得道德高尚的意志，培养出行善的习惯。

第五章论述了正义与功利之间的联系。这是一个必须解决的问题，因为"在所有的思辨时代，导致人们难以接受'功利或幸福是检验对错的标准'这一学说的最大障碍，向来都是正义的观念"。穆勒先是列举了正义与不正义的几种情形：尊重任何一个人的法定权利是正义的，而侵犯任何一个人的法定权利则是不正义的；正义是每个人都应当得到自己应得的东西，而一个人获得了不应得到的利益或被迫遭受了不应遭受的祸害，则是不正义的；失信于人是一种公认的不正义；有失公允并非正义之举。然后，他从词源的角度，指出构成"正义"概念的原始要素是遵守法律，但并不是所有的违法行为都会激发"不正义"的情感。正义与慷慨或善行之间的特定区别，就是某个人拥有一种与道德义务相关的权利，即"正义不仅是指做某事符合道德、不做某事则是不道德的，还意味着某一个人能够要求我们将某种东西当成他的道德权利"。所以，正义涉及到权利，"无论什么情况，只要存在权利，就属于事关正义的问题，而不属于行善这种美德的问题"。这些方面，实际上就是给出了正义的定义。

接下来穆勒指出，伴随着正义观念而来的情感（正义感）含有两大基本要素：一是惩罚侵害者的愿望，二是知道或相信有确定的受侵害者。既然正义是指捍卫某个人或某些人的权利和利益，那么社会就应当出于普遍功利的考虑去捍卫这种权利和利益。人类的所有利益中，最重要的就是安全利益，"没有哪个人能够在不安全的情况下生存；我们免遭祸害以及长久获得一切善的整体价值的能力，全都有赖于安全，因为我们如果随时都有可能被任何一个暂时比我们强大的人夺走一切，那么除了当下的满足感，就没有什么东西对我们有任何价值了"。但是，由于正义与权利、利益相关，所以不同的人会拥有不同的正义观念，甚至同一个人的正义观念在不同场合下也有可能不同。只有根据功利原则，才能解决这个方面的争论，"除了功利主义，我们没有别的办法从这些混乱中解脱出来"。

最后，穆勒指出正义是某些类别的道德准则的统称，个人权利的概念则是正义观念的本质，并且"检验和判断一个人是否适合作为人类一员生存于世的标准，就在于他是否遵从这些道德准则"。正义也是某些社会功利的恰当统称，它们比其他社会功利重要得多，并且更具绝对性与义务性，因此建立在功利基础之上的正义感提出的要求（即正义义务）更明确，约束力也更强大。

综观全书，穆勒是结合运用立论与驳论的方法，做到了立中有驳、驳中有立，比较完善而全面地论述了功利主义的基本原理，澄清与修正了以前（主要是边沁）的功利主义理论。尽管后人对穆勒的功利主义进行了许多批判，引发了一些学术论争，但不可否认的是，功利主义伦理学如今仍在发挥着重要的影响，仍是现代西方社会科学的主要道德基础。只不过，我们在研究功利主义、阅读穆勒这部《功利主义》时须持批判的态度，结合历史和现实、自身经验与文化差异，取其精华、去其糟粕，多角度而审慎地加以理解和吸收。

四、翻译方面：两个问题

最后，译者还有两个涉及翻译的问题，须向读者简单说明一下。

首先就是本书作者"穆勒"和"功利主义"这两个译名的问题。按照发音来看，穆勒（Mill）译成"密尔"或"米尔"更加准确；事实上，如今出版的不少译作中也已不再使用"穆勒"这个译名。但出于遵循传统和保持一致的考虑，在这里仍然将其译作穆勒。至于"功利主义"，也是如此。功利（Utility）与功利主义（Utilitarianism）两词的本义分别为中性的"效用（或功用）"和"效用主义（或功用主义）"，并不带有贬义；但众所周知的是，"功利"二字在我国却是一个不折不扣的贬义词，常含重利轻义、投机钻营、自私自利等意。若是说一个人功利心重，那就是说这个人的行为或态度都是为了给自己谋取利益。从本书中不难看出，穆勒的功利主义伦理观与自私自利是截然相反的。可以说，"功利主义"这个译名正是很多人对功利主义伦理学持有负面观点的一大原因。因此，我们原本应当像如今很多的哲学译作一样，弃用这个带有贬义的译名。但是，由于用"功利主义"一词来指代穆勒的效用主义伦理学已经深入人心，成了一种约定俗成的习惯，加上考虑到贸然改译之后，部分读者有可能产生困惑和新的误解，所以我们在假定绝大部分读者都明白穆勒的功利原则就是最大幸福原则，而绝对不是指个人私利和幸福的前提下，仍然沿用了这个译名。

其次就是译文整体方面的问题。从传播学的角度来看，翻译既是一个信息转换与传播的过程，也可以说是一个再创作的过程。在转换时，由于涉及到解码源语言和重新编码成目标语言两个方面，所以译文会不可避免地带有译者自身的色彩（包括对源语言的理解是否充分准确，以及在目标语言方面的表达水平和行文习惯等）。再则，由于传播的对象众多，人们接受转换（翻译）后的信息时，在理解力、阅读习惯、逻辑思维能力、自身经历等方面各有不同，所以他们对译文的阅读感受和看法自然也会千差万别。每个人都会根据自己的理解、品位、喜好来加以判断；在这个方面，译者与读者都是一样。

如今世人公认的翻译标准，就是晚清翻译大家严复提出的"信、达、雅"三原则（值得一提的是，穆勒的著作也是严复率先译介到中国来的）。好的翻译应该是在忠实于原文（信）的基础上，用目标语言将文义表达得通顺自然（达），并且带有一定的文采（雅）；这样才能让读者既没有理解困难，还产生阅读兴趣。不过，严复也将这三大原则称为"译事三难"，并且说"求其信，已大难矣"；因此，他提出的实际上是翻译的最高标准，非集文化之大成者很难达到。我们很少看到被世人交口称赞的上乘译作，原因就在于此。译者立志于翻译事业，但同时也深知自己才疏学浅；尽管已译有一些作品，译作中也大多存在这样那样的问题，而在翻译《功利主义》这样的哲学名著时尤为如此。与其他许多译者相比，拙译都难以望其项背，故须先请读者包涵，本人诚挚接受批评和指正。

感谢果麦文化的信任。若书中存在翻译错误和不足之处，再次恳请读者不吝赐教。

欧阳瑾

2023 年 7 月

第一章 总论

在构成人类认知现状的众多情况中，也许最让我们意想不到，或最能够说明我们对一些最重要的主题展开的思辨仍然处于落后水平的一种情况，莫过于我们在解决颇具争议的是非标准问题上一直都没有什么进展这一点了。自哲学诞生以来，关于"至善"（summum bonum）的问题，或者说关于道德基础的问题，就被世人视作思辨领域里的主要问题；它不仅被一些极有天赋的知识分子关注，还被分成了不同的宗派与流派，不断地相互攻讦、彼此争斗。年轻的苏格拉底聆听了老普罗塔哥拉[1]的教诲之后，曾经大力维护功利主义理论，反对所谓的智者鼓吹的大众道

---

1 普罗塔哥拉（Protagoras，约公元前 490 年或 480 年—公元前 420 年或 410 年），古希腊哲学家，智者派的代表人物，著有《论神》《论真理》《论相反论证》等作品。（如无特别说明，均为译者注）

德（如果柏拉图[1]的对话录是根据真实谈话记载而成）；但两千多年之后，同样的讨论却仍在进行着，哲学家们还是站在相同的旗帜之下争论，而思想家或整个人类群体似乎也没有就这个问题达成什么一致的意见。

的确，如今所有科学的基本原则[2]方面也存有类似的困惑和不确定性，有时还存在类似的争议，连被世人视为最具确定性的数学也不例外；不过，这种情况并没有严重地削弱那些科学所得结论的可信度，事实上通常也全然没有危害到它们的可信度。这种现象显然有悖于常理，因为一门科学的具体原则通常既不是从这门科学的基本原则推导出来的，也不是依靠这些基本原则来加以证明。否则，世界上就没有哪门科学会比代数更不可靠，也没有哪门科学所得的结论会比代数得出的结论更不充分了；代数的确定性，完全不是源自老师平常教给学生的那些基本原则，因为正如一些最杰出的代数教师所说，这些基本原则不但像英国的律法一样充斥着不实之处，而且像神学一样玄妙难解。最终获得公认而成为一门科学基本原则的各种真理，其实都是根据这门科学独有的基本概念做出形而上的分析之后获得的最终结果；它们

---

1   柏拉图所著的《理想国》《斐多篇》《普罗塔哥拉篇》等作品，是被后人集结成对话录存世的。

2   基本原则（first principle），也称为"第一原则""第一性原理"等。

与这门科学之间并不是地基和大厦的关系，而是树根与树木的关系：哪怕永远不会被人深入挖掘，哪怕永远不会为人们所知，它们也会一如既往，出色地履行好自己的职责。不过，尽管具体真理在科学领域里比一般理论更加重要，但对一门具有实用性的人文科学——如道德或法律——来说，我们却可以料想到，情况也许恰好相反。所有行为，都是为了达到某种目的；因此，我们似乎会理所当然地认为，行为准则的整体特点和色彩必定是源于它们有助于去实现的那个目的。追求某种东西时，对正在追求的目标形成一个清晰而准确的概念，似乎是我们必须做到的第一要务，而不是能指望到最后才去做的事情。所以我们会认为，检验是非的标准必定是确定对错的手段，而不是一种已经确定了对错的结果。

求助于那种流行的天赋理论，认为有一种感官或本能会直接告诉我们孰是孰非，并不能回避这个难题。因为这种道德本能是否存在本身就是一个颇有争议的问题，此外，那些信奉天赋理论并且多少懂点儿哲学的人还不得不放弃这样一种观点：天赋在某种具体的情况下确实能够让人明辨是非，就像我们的其他感官能够辨别出真实存在的景象或声音一样。所有阐释道德官能并且配得上思想家这一称呼的人都认为，道德官能只是给我们提供了道德评判的一般原则；道德官能是我们理性的一个分支，而不是感官的一部分；我们必须从中寻找抽象的道德原则，而不应指望从中获得具体的感知。跟可以称之为归纳伦理学的流派一样，直觉伦理学派也强调一般法则必不可少。两个流派一致认为，一种个人行为是否合乎道德并不是一个直接感知的问题，而是一个将法则应用到单个案例上去的问题。二者还在很大程度上认可相同的道德法则；只不过，在证明道德法则具有权威性的证据和道德法则获得权威性的来源这两个方面，双方却存在分歧。根据其中一方即直觉伦理学派的观点，道德原则显然具有先验性（à priori）；它们什么都不用做，只需让人理解所用术语的含义，就能赢得别人的认可。另一种学说却认为，是非问题与真伪问题一样，都涉及观察和经验。但是，直觉伦理学派与归纳伦理学派都认为道德必须从原则中推导出来，并且二者同样坚定地认为道德是一门科学。尽管如此，他们却很少尝试着将这些先验性的原则罗列出来，当成道德科学的前提；他们更是极少做出任何努力，去把那些有着千差万别的原则归纳成一条基本原则，或者把道德义务的共同基础归纳出来。他们要么是设想普通的道德准则具有先验的权威性，要么就是把某种普遍性当成那些道德准则的共同基础，可这种普遍性明显远不如道德准则本身那样权威，因此从来就没有成功地获得过大众的认可。然而，要想支持他们的主张，所有道德的根基中就理应存在某种单一的基本原则或法则，假如其中存在多条基本原则或法则的话，它们之间也应有一种确定的优先次序；而且，这条基本原则——或在不同的原则产生冲突时起决定作用的那条准则——应该是不证自明的。

为了探究这种缺陷带来的不利影响在实践中得到了多大程度的缓和，为了探究由于缺乏一种明确获得了认可的终极标准，人类的道德信仰究竟遭到了多大程度的削弱，或者说已经在多大程度上变得不确定了，我们有必要全面考察与批判一番伦理学说的过去与现状。然而，我们不难说明，无论这些道德信仰已经变得如何稳定与一致，它们的稳定性或者一致性主要都应当归因于一种尚未得到公认的标准的隐性影响。"没有一条公认的基本原则"这一点，已经让伦理学不再那么像一种指导准则，而更像是对人类真实情感的一种神圣化；尽管如此，由于人类的情感——无论喜好还是厌恶——受到了他们所认为的各种事物对人类福祉的作用的极大影响，因此，"功利原则"或边沁[1]近来所称的"最大幸福原则"就对形成各种道德学说发挥了很大的作用，连那些最轻蔑地否认功利原则具有权威性的人所提出的道德学说也不例外。而且，无论多么不愿认可功利原则是道德的基本准则和道德义务的根源，任何一个思想流派都不会拒绝承认这一点：在道德的许多细节方面，行为对幸福的影响都是一个极其重要的考量因素，甚至是一个占支配地位的因素。不妨让我进一步指出，对那些认

1　　边沁（Jeremy Bentham，1748—1832），英国著名的法理学家、哲学家、经济学家、社会改革者，著有《道德和立法原则概述》等作品。

为完全有必要展开争论的先验派伦理学家而言，功利主义观点其实也是必不可少的。我在此并不是要批判这些思想家，但为说明起见，我还是不得不提到其中最著名的一位思想家写的一部系统性专论，即康德的《道德形而上学》（*Metaphysics of Ethics*）。这位杰出人士的思想体系，将长久保持哲学思辨史上里程碑之一的重要地位；在专论中，康德确实提出了一条通用的基本原则，并且将它视为道德义务的起源与依据，那就是："当如此行事，令尔举所据之准则，可为所有理性者奉为圭臬。"[1] 然而，当康德开始从这条准则中推导出任何实际的道德义务时，他却近乎可笑地没能阐明所有理性的人都采用极其不道德的行为准则时会出现何种矛盾，或是会有逻辑上不可能出现的何种情况（更别提外在的不可能性了）。他所阐明的，不过就是普遍采用这种准则将带来一些没人愿意去承担的后果罢了。

就目前而言，我将不再进一步探讨其他的理论，而是试图出点儿力，帮助人们理解和领会功利主义理论或幸福理论，以及对这种理论的证明。很显然，这种证明不可能是平常与通俗意义上的证明。终极目的方面的问题，是无法直接去证明的。凡是可以证明善的东西之所以为善，必定是因为我们能够阐明

1　康德《道德形而上学》中的原文为：So act, that the rule on which thou actest would admit of being adopted as a law by all rational beings.

它是一种手段，可以让我们获得无需证明就能被认可为善的某种事物。医术有益于健康，所以被证明为善；不过，我们又怎么可能证明健康也是一种善呢？音乐艺术之所以为善，原因之一就在于它会让人觉得愉悦；但是，我们又怎么可能证明愉悦也是一种善呢？因此，如果有人声称有一个全面的公式囊括了所有本身为善的事物，而除此之外一切为善的事物都不是目的而只是手段。那么，虽然我们既可以接受也可以拒绝这个公式，但它都不是通常情况下可以凭借证明来理解的对象。然而，我们并不能就此推断，接受或拒绝这个公式必定取决于盲目的冲动或武断的选择。"证明"一词还有一种更宽泛的含义；在这种含义中，这个问题就像其他任何一个有争议的哲学问题一样，也是经得起证明的。证明的对象处于理性官能的认知范围之内，而那种官能也并非仅仅是用直觉的方式去证明的对象。我们可以提出许多考量因素，它们能够决定理智究竟赞不赞成功利学说；这种情况，也相当于"证明"。

我们现在就该来探究一下，这些考量因素具有什么样的性质，它们用什么方式应用于具体的情况，以及我们可以因此给出什么样的理性依据，去接受或摒弃这个功利学说的公式。不过，正确地理解这个公式，是我们理性地接受或摒弃它的前提条件。**我认为，人们通常都对功利主义的意义存有一种很不完善的观念，这正是妨碍人们接受功利主义的一大障碍；假如能够加以澄**

清，哪怕仅仅是将它与那些比较粗浅的误解区分开来，这个问题也会大大简化，而其中的大部分难题也就迎刃而解了。因此，在试图探讨那些可以用于赞同功利主义标准的哲学依据之前，我将先对这种学说本身来一番适当的具体说明，旨在更加清晰地说明功利主义是什么，意在将它与非功利主义区分开来，并且表明，现实中反对功利主义的一些观点，要么是源自对功利主义含义的错误理解，要么就是与这些误解密切相关。做好这番准备之后，我就将尽自己的能力，阐明这个被视为一种哲学理论的问题。

第二章 什么是功利主义

有一种无知的错误观点，认为那些支持用功利标准来检验是非的人是在一种狭隘的、纯属非正式的意义上使用"功利"一词，从而把功利与快乐对立了起来；对此，我们只需顺带提一下就行。至于在哲学上反对功利主义的人，要是把他们与那些怀有如此荒谬误解的人混为一谈，哪怕只是一时的混淆，我们也该向他们道歉才是；这种混淆之所以更显异常，是因为针对功利主义的另一种常见批评恰好相反，是指责功利主义认为一切都与快乐有关，并且是与最粗鄙的快乐有关。而且，正如一位才能出众的作家曾经尖锐指出的那样，同一类人（往往就是同一批人）还会指责功利主义理论"把'功利'置于'快乐'之前时毫不实用的枯燥乏味，而将'快乐'置于'功利'之前时又太过实用地耽于感官"。对这个问题稍有了解的人都知道，凡是支持功利理论的作家，从伊壁鸠鲁[1]到边沁，都没有把功利理解为某种与快乐相对的东西，而是理解为快乐本身与免除痛苦；他们没有把"有用"与"令人愉悦"或"赏心悦目"对立起来，而是始终宣称，除了其他一些方面，"有用"就是指"令人愉悦"或"赏心悦目"。

然而，普通的人（包括普通作家在内）却总是陷入这种肤浅的错误，不仅表现在报纸杂志发表的文章里，而且表现在一些很有影响力和抱负不俗的著作中。他们揪住"功利"一词，尽管除了发音就对它一无所知，可还是习惯性地用它来表达"拒斥或忽视某些形式的快乐、美丽、装饰或娱乐"的意思。他们如此无知地误用这个词，目的不仅仅是为了贬抑，偶尔也是为了褒扬，仿佛它含有"超越轻浮和纯粹的当下之乐"的意思。可"功利"一词的这种反常用法，竟然是大众所知的唯一用法，而新一代人对该词含义的唯一概念，也是从这种用法中获得的。那些首次采用了"功利"一词，但多年来已经不再把它当作一个独特名目去使用的人，如果认为重新采用这个词就有望做出一定的贡献，把它从这种彻底的堕落状态中挽救出来，他们就会有充分的理由觉得

1　伊壁鸠鲁（Epicurus，公元前341年—前270年），古希腊哲学家、无神论者，伊壁鸠鲁学派的创始人，著有《论自然》《准则学》等作品，被称为西方第一位无神论哲学家。

自己必须那样去做了 [1]。

承认"功利"或"最大幸福原则"属于道德根基的信条的人，认为行为之所以正确，是因为它们有增进幸福的倾向，而行为之所以错误，则是因为它们有造成不幸的倾向。所谓的幸福，就是指快乐且没有痛苦；所谓的不幸，就是指痛苦且没有快乐。要想清晰地阐明这种理论所确立的道德标准，还有很多方面需要论述，尤其是痛苦与快乐两种观念中包含了哪些内容，以及这个问题在多大程度上允许人们去展开争论。不过，这样的补充说明并不会对道德理论所依据的人生理论产生影响——该理论认为，**快乐与摆脱痛苦是值得追求的两大人生目的，而所有值得追求的东西（在功利主义理论和其他任何一种理论中，这些东西都不胜枚举）之所以值得追求，要么是因为它们本身含有内在的快乐，要么就是因为它们属于增进快乐和防范痛苦的手段。**

1　本书作者有理由相信自己是最先使用"功利主义者"一词的人。这个词并不是作者发明出来的，而是借用了高尔特先生（John Galt）所著的《教区纪事》（*Annals of the Parish*）一作中偶然使用过的一个表达。把它当成一个称谓用了几年之后，作者和其他人便舍弃了这个词，因为大家越来越不喜欢任何类似于表明宗派之分的标志或口号的东西了。但是，在用它来称呼一种单一的观点而不是一组观点——即指我们认为功利是一种标准，而不是任何一种应用的特定方式——时，这个词不但可以弥补语言方面的缺失，而且会在许多情况下提供一种便捷的表达方式，让我们得以免除令人厌倦的迂回赘述。——作者注

然而，这样一种理论却在许多人心中激起了积习难改的反感，其中有的人还怀有最可敬的情感与意图。他们指出，认为人生的最高目的（像他们所说的那样）就是快乐——即没有比快乐更好、更高尚的追求对象了——的观点极其卑贱而低劣，是一种只配得上猪猡去拥有的信条；在很早以前，伊壁鸠鲁的信徒就被人们轻蔑地比作猪猡，而信奉这一学说的现代人，偶尔也会同样被德国、法国和英国的抨击者客客气气地比作猪猡呢。

　　受到这样的抨击时，伊壁鸠鲁学派往往回答道，用可耻的方式贬低人性的并不是他们，而是指责他们的人，因为这种谴责中含有一种假设，即除了猪猡享受的那些快乐，人类就不能拥有其他的快乐了。如果这种假设正确，那么他们的指责就是无法反驳的，但它也会由此变得不再是一种非难；因为假如快乐的源泉对人类和猪猡来说完全一样、毫无分别，那么对其中一方足够有益的生活准则，也会充分有益于另一方。把伊壁鸠鲁学派的生活比作禽兽的生活会令人觉得有辱人格，正是因为禽兽的快乐并不符合人类对幸福的概念。人类拥有种种比禽兽的欲求更加高尚的官能；一旦认识到这些官能，那么凡是不能满足这些官能的东西，我们都不会视之为幸福。的确，我并不认为伊壁鸠鲁学派从功利主义原则中推导出其重要理论体系时做得很完美。要想充分做到毫无瑕疵，他们还需要把斯多葛学派[1]和基督教的许多基本原理包括在内才行。但是，如今我们所知的伊壁鸠鲁派生活理论中，却没有哪一种理论会不承认，理智、情感与想象以及道德情操方面的快乐所具有的价值要远高于纯粹的感官快乐。然而，我们必须承认，功利主义作家之所以通常认为精神快乐高于肉体愉悦，主要是因为精神快乐更加持久、更为安全、代价更低，等等——也就是说，在于前者具有的间接优势，而不在于它的内在本质。而且，在这些问题上，功利主义者已经充分证明了他们的论据；不过，他们原本是可以全然一致地采用另一种堪称层次更高的依据的。承认"某些类型的快乐要比其他快乐更值得追求和更加重要"这个事实，与功利原则完全一致。在评价其他所有事物时，我们会考虑到"质"和"量"两个方面，而在评价快乐时，却认为只需考虑"量"这一个方面，这无疑是一种很荒谬的观点。

假如有人发问，我说的快乐在"质"的方面具有差异是什么意思，或者仅仅就快乐而言，除了"量"更大以外，究竟是什么让一种快乐比另一种快乐更加可贵，那么，我给出的回答可能只有一个。在两种快乐当中，假如所有或几乎所有体验过二者的人

1　斯多葛学派(Stoicism)，古希腊四大哲学派别之一，由塞浦路斯的芝诺(Zeno，约公元前 336 年—约公元前 264 年)创立于公元前 3 世纪，因在雅典集会广场的斯多葛柱廊（Stoa Poikile）聚众讲学而得名。

都明确地偏好其中的一种，而不管他们是否觉得自己有道德义务去偏好它，那么，它就是更值得我们去追求的那种快乐。假如那些对两种快乐都相当熟悉的人认为其中之一远远优于另一种，因而更喜欢它，就算知道它会带来更多的不满足感也不改初衷，并且不会由于天性使得他们可以获得无论多大"量"的另一种快乐而放弃前者，那我们就完全有理由认为，这是因为受到偏爱的那种快乐在"质"的方面具有一种远远超过了"量"的优势，以至于相对而言，"量"就变得无足轻重了。

然而，一个毋庸置疑的事实是，那些同等地熟悉并且能够同等地重视和享受两种快乐的人，确实会极其显著地偏好那种能够运用其高等官能的生活方式。很少有人会因为他们可以尽情获得禽兽之乐，而愿意变成低等动物。没有哪个聪明人会甘当傻瓜，没有哪个受过教育的人会愿意变成不学无术之徒，没有哪个有感情和良知的人会自私和卑鄙，哪怕有人说服他们，让他们相信傻瓜、蠢材或卑鄙无耻之徒比他们更满意自己的命运。他们不会为了能全面地满足自己与傻瓜、蠢材或卑鄙无耻之徒共同拥有的一切欲求，而去放弃他们拥有的，但傻瓜、蠢材或卑鄙无耻之徒没有的东西。就算他们想这样做，那也只会是在极端不幸的情况下：为了逃避极度的不幸，他们会甘愿用自己的命运去跟其他几乎任何一种命运交换，无论后者在他们自己看来有多么不值得向往。相比于一个能力较低的人来说，能力较高者需要获得更多的东西才能感到快乐；他们也许能够承受更加剧烈的痛苦，自然也会在更多的方面受到痛苦的影响。不过，尽管具有这些倾向，能力较高的人也绝对不可能真的希望自己沉沦到被他视为低级存在的状态中去。对于这种不情愿，我们随便怎么解释都可以。我们可以将它归因于自尊；这个词，被人们不加分别地用于人类拥有的一些最可敬和最可鄙的情感上。我们可以把它称为对自由和人格独立的热爱；这种热爱的感染力，正是斯多葛学派有效地灌输他们的学说的手段之一。我们可以将它归因于对权力的热爱或对刺激的热爱，这两个方面，确实都参与和促成了这种不情愿。不过，最恰当的说法应该是一种尊严感，人人都拥有这样或那样的尊严感，它与人们的高级官能成某种比例（但绝对不是一种精确的比例），而在自尊心强的人身上，它还是幸福不可或缺的组成部分，因此除非是暂时性的，否则的话，与尊严相矛盾的任何东西都不可能成为他们的追求目标。不论是谁，如果认为这种偏爱是以牺牲幸福为代价——即在差不多相同的情况下，高等生物并不比低等生物更加幸福——那就是混淆了幸福与满足这两个大相径庭的概念。无可争辩的是，享乐能力低下的人充分满足这些享乐欲望的可能性也最大，而一个天赋禀异的人却往往会觉得，他能够追求的任何一种幸福都不完美，就像整个世界的构成一样。但是，如果幸福的种种不完美之处只要还让人能够忍受，那么他就可以学着去忍受；至于那种完全是因为根本感受不到这些不完

15

美之处所带来的善，所以确实没有意识到它们的人，他可不会去羡慕。做一个不满足的人，胜过做一头满足的猪；宁可做一个不满足的苏格拉底，也不要做一个满足的傻瓜。如果傻瓜或猪猡对此存有异议，那是因为他们只了解这个问题涉及自己的一面。而这种对比中的另一方，却是对问题的两面都很了解。

有人也许会反驳，许多拥有层次较高的快乐的人偶尔也会经不住诱惑，把层次较高的快乐置于层次较低的快乐之后。不过，这种情况与充分理解层次较高的快乐的内在优越性完全不矛盾。人们常常会由于性格上的弱点而选择就近的利益，尽管他们很清楚，这种利益没有那么可贵；不论他们是在两种物质快乐之间做出选择，还是在物质快乐与精神快乐之间做出选择，都是如此。虽然完全明白健康是更大的善，他们却还是会纵情于感官享乐，由此损害了健康。有人或许会进一步反驳，许多人年轻时，起初对所有高尚的事物都充满了热情，可随着年纪渐长，他们却会陷入懒散和自私之中。但我认为，那些经历了这种普遍变化的人并不会自愿选择较低层次的快乐，而不去选择较高层次的快乐。我相信，他们在一心沉溺于较低层次的快乐之前，已经变得无法享受较高层次的快乐了。**拥有高尚情感的能力，在大多数人的天性中都像一株非常纤弱的植物，不但很容易为各种不利的影响所扼杀，而且也容易因为纯粹的营养不足而丧命；在大多数年轻人当中，如果他们从事的人生职业以及该职业让他们投身的社会环境**

都不利于去坚持运用那种层次较高情感的能力，它就会迅速凋亡。 人们由于没有时间或机会去尽情满足理智的品位，因而逐渐丧失了这种品位，他们也会失去崇高的抱负；他们会沉溺于低级快乐中，但这并不是因为他们有意偏爱低级快乐，而是因为他们只能获得这种快乐，或是他们只能继续享有这种快乐。有人也许会问，任何一个依然能够同等地拥有这两类快乐的人，会不会有意而冷静地偏爱低级快乐；不过，各个时代都有许多人徒劳地想把两种快乐结合起来，却全都以失败而告终了。

我很理解，对最有判断能力的人得出的这种定论，人们不可能提出什么反对意见。在两种快乐当中哪一种更值得拥有，或两种生存模式中哪一种更能满足情感需要的问题上，撇开它们的道德属性或后果来看，我们必须承认的是，那些因为对两种快乐都有所了解的人做出的判断，或者说他们之间若是有分歧的话，其中大多数人做出的判断，就是最终的判断。我们也必须同样毫不犹豫地认可这种关于快乐的"质"的判断，因为即便是在快乐的"量"这个问题上，我们也没有其他的观点可以参考。除了熟悉两个方面的人做出的普遍选择，我们还有什么方法来判定两种痛苦中究竟哪一种更加严重，两种快乐的感觉中哪一种又更加强烈呢？各种痛苦与各种快乐本身都不具有同质性，痛苦与快乐也向来不是一回事。除了经历者的感受与判断，还有什么能够判断出一种特定的快乐是否值得以某种特定的痛苦为代价去获得呢？所以，当经历者的感受和判断声称，除了强度的问题，源自更高官能的快乐在性质上优于那些脱离了更高官能的动物本性可以获得的快乐时，它们在这个问题上就理当获得同样的重视。

我已经详细地论述了这一点，把它当成一种被视为人类行为的指导准则，是完全公正的"功利"或"幸福"概念中必要的组成部分。但是，这一点却绝对不是承认功利标准的必要条件，因为那种标准并不是指行为人自身的最大幸福，而是指整个人类的最大幸福；虽然有的人可能会提出质疑，一个高尚的人是否会始终因为高尚而比别人快乐，但毫无疑问的是，高尚的人会让别人更加快乐，而整个世界也会因为此人而大大受益。所以，功利主义只能通过广泛培养高尚的品格来实现它的目的；即便每一个人仅仅受益于别人的高尚，而就幸福而言，个人自身的品格纯粹有损于那种益处，也是如此。不过，最后这一点的荒谬之处一目了然，根本就无需去驳斥。

如上所述，根据"最大幸福原则"来看，我们的终极目的就是在"量"和"质"的方面过上一种尽可能免于痛苦的生活，并且在"量"和"质"的方面获得尽可能丰富的享受；其他一切值得追求的事物都与这个终极目的有关，并且是为实现这个终极目的服务的（不管我们考虑的是自身利益还是他人利益，都不例外）。至于检验"质"的标准以及衡量"质"相对于"量"而言的存在准则，也就是那些有幸在自身的生活经历中获得感受的人的偏好——其中还要加上他们的自觉意识与自我观察习惯——则最好是辅之以比较的方法。根据功利主义的观点，既然这一点是人类行为的目的，也就必然是道德的标准；因此，我们可以把道德标准定义为人类行为的准则和戒律：遵循这些准则与戒律，就可以在最大程度上确保全人类都能过上前面所述的那种生活，并且不止是人类，就事物本质所容许的范围而言，还能确保一切有知觉的生物都获得前述的那种生活。

然而，这种学说还有一类反对者，他们声称任何形式的幸福都不可能是人类生活和行为的理性目的，因为幸福是不可企及的。他们会轻蔑地问道："你有什么权利获得幸福呢？"卡莱尔先生[1]就曾揪住这个问题，对它进行了增补：就在不久之前，你曾经有什么权利去过幸福的生活呢？然后，他们说人类没有幸福也能生存，说所有高尚的人都是这样认为的，他们只有吸取了"舍弃"或"放弃"的教训，才有可能变得高尚起来；反对者还断言，彻底吸取和奉行这一教训就是所有美德的开端和必要条件。

1　指托马斯·卡莱尔（Thomas Carlyle，1795—1881），苏格兰哲学家、评论家、讽刺作家、历史学家，著有《法国革命》《论英雄、英雄崇拜和历史上的英雄业绩》《过去与现在》等作品。

这些反对意见中的第一条如果论据充分，原本会深入触及这个问题的根源，因为人类若是根本不可能拥有幸福，那么获得幸福就不可能是道德或任何理性行为的目的。然而，即便是在那种情况下，我们也还是可以支持功利主义理论。因为功利不止包括追求幸福，还包括防范或减轻不幸；如果说前一个目标属于痴心妄想，那么后一个目标范围就会更大，也会更有迫切的必要性，只要人类起码还觉得他们适合生存，还没有像诺瓦利斯[1]建议的那样在某些情况下以集体自杀来逃避就行。然而，若是如此言之凿凿地断定人类的生活不可能获得幸福，那么这种论断就算不是言语上的诡辩，至少也是夸大其词。假如幸福是指一种持续不断且高度愉悦的兴奋，那么，这种幸福显然是不可能存在的。狂喜状态只会持续片刻之久，在某些情况下就算有所间歇，也只会保持几个小时或几天；而且，这种状态属于偶尔灿烂的快乐闪光，而不是恒久稳定地燃烧着的快乐火焰。对于这一点，教导世人"幸福是人生目标"的哲学家和那些嘲讽他们的人都非常清楚。他们所指的幸福，并不是一种充斥着狂喜的生活，而是一种由少而短暂的痛苦和多而迥异的快乐构成的生活中，一个个狂喜的片刻；

1　诺瓦利斯（Novalis，1772—1801），原名格奥尔格·菲利普·弗里德里希·弗莱赫尔·冯·哈登贝格（Georg Philipp Friedrich Freiherr von Hardenberg），德国浪漫主义诗人，著有《夜之赞歌》《圣歌》等作品。

在这种生活中，积极的方面明显超过了消极的方面，并且将"不去期待获得超过生活能给予的东西"作为整个人生的基础。如此构成的一种生活，对于那些有幸获得的人而言，似乎才始终配得上叫幸福。即便是如今，这样一种生活也是许多人在其一生中的大部分时间里都享有的生活。当前糟糕的教育和社会环境，才是真正让绝大多数人无法获得这种生活的唯一障碍。

反对者或许会质疑，假如接受了"幸福就是人生目标"的教导，人类究竟会不会满足于这样一种适度的幸福。但是，世间已有很多人表明，更少的幸福也曾让他们感到满足。一种令人满足的生活似乎有两种主要的构成要素——平静与兴奋；人们发现，其中任何一种，本身就足以实现获得幸福的目标。许多人都发现，在相当平静的时候，一点点快乐就有可能让他们感到满足；而在极度兴奋的状态下，许多人又能承受大量的痛苦。我们可以肯定，即便对普罗大众来说，他们也并不是生来就没法把两者结合起来；因为平静与兴奋并非水火不容，而是一对天生的联盟，延长其中任何一种状态的时间，都是在为进入另一种状态做准备，都会激发出对另一种状态的渴望。只有那些把懒散怠惰变成恶习的人，才会在经历了一段时间的平静之后不思奋起；也只有那些对兴奋产生病态需求的人，才会觉得兴奋过后的平静无聊乏味，而不是觉得这种平静令人愉悦的程度与此前的兴奋成正比。从表面上看还算幸运的人，若是没有在生活中发现足以让他们觉得人生可贵的快乐，通常是因为他们只关心自己，不顾及他人。**对于那些既无公众感情也无私人感情的人来说，人生中的乐趣会大大减少，而且不管怎样，随着所有的私利必将被死亡终结的那一刻步步临近，各种人生乐趣的价值也会逐渐降低；可那些在身后留下了个人情感寄托对象的人，尤其是那些还培养出了关心人类集体利益的同胞之情的人，却会直到临死之前都像年轻健康、活力十足时一样，对生活保持着强烈的兴趣。**除了自私自利，导致人们对生活感到不满的主要原因就是缺乏精神修养。一颗受过陶冶的心灵——我并不是指哲学家那样的心灵，而是指知识的源泉已经向他开启，并且在一定程度上学着运用其官能的任何一颗心灵——会在周围的一切事物中找到激发其无穷兴趣的源泉，比如各种自然之物、艺术成就、诗歌想象、历史事件、人类过去与现在所走的道路，以及它们的未来前景。确实，有些人可能对这一切无动于衷，也有些人可能对那一切只有一丁点儿兴趣；但是，只有当一个人从一开始就对这些东西没有道德上或人性上的兴趣，仅仅想从中满足好奇心的时候，才有可能出现这种情况。

然而，我们绝对没有必然的理由说，每一个出生于文明国度的人不该去传承相应的、足以让他们对这些思考对象产生理智兴趣的精神修养。同样，我们也没有什么内在的必然性可以说明，任何人都应该成为自私的利己主义者，除了以自己那可怜的个人利益为中心外，就应该没有任何情感，不关心任何东西。就算是如今，比自私要高尚得多的行为也很常见，它们足以充分说明人类可以被塑造成什么模样。每一个具有适度教养的人，都可以心怀真挚的个人情感和对公众利益的由衷关注，只是程度不一罢了。世界上有那么多的事物让人去关注，有那么多的快乐让人去享受，还有那么多的东西需要去纠正和改善，因此，每一个具有适度道德和理智需求的人，都能够获得一种堪称值得羡慕的生活；这样的人，除非是因为不完善的法律或因为屈从于他人意志而被剥夺了自由，无法在力所能及的范围内利用各种感受幸福的资源，否则，只要避免了生活当中各种明确的灾祸，避免了导致身心痛苦的主要源头，比如贫困、疾病，以及所爱对象的粗暴无情、毫无价值或过早辞世，就一定会过上这样一种令人羡慕的生活。因此，问题的关键就在于，我们应当跟这些很难完全幸免的灾祸作斗争；就目前而言，这些灾祸既不可能彻底消除，通常也不可能得到实质性的减轻。然而，凡是所持的观点值得我们去稍加考虑的人，都不可能怀疑这一点：世界上大多数明确的灾祸本身都是可以消除的；假如人间世事持续得到改善，它们最终就会减至有限的程度之内。比如说，从任何意义上来看都意味着苦难的贫困，就可以凭借整个社会的智慧，再结合个人的贤明与未雨绸缪而得到彻底消除。连疾病这种最难对付的敌人，也可以经由良好的体育和德育，以及适当地控制疾病的有害影响而无限地减少；科学的进步，则为我们在未来更加直接地征服这个可恶的敌人带来了希望。这方面的每一种进步，不仅会让我们减少缩短自身寿命的机会，更重要的是还能降低我们失去那些与我们的幸福息息相关之人的可能性。至于命运的坎坷，以及与身外环境有关的其他不如意，主要都是由严重的鲁莽轻率、不节制欲望，或不良的、不完善的社会制度造成的。简而言之，导致人类苦难的所有重大根源，在很大程度上都可以凭借人类的谨慎与努力加以消除，其中的许多根源几乎还能彻底根除；尽管它们的消除速度会极其缓慢——尽管在战胜它们之前，在我们不缺决心与知识的情况下，在这个世界彻底变成它很容易被造就的模样之前，将有数代人死去——但是，每一个聪明而大度、能够参与到这种努力中去的人，无论参与程度多么微不足道和不为人知，都会从抗争中获得一种崇高的乐趣，他们断然不会为了任何一种自私的享乐而甘愿放弃这种乐趣。

这一点，就让我们能够对反功利主义的人关于世人可以也应该学会在没有幸福的情况下生活的观点做出真正的评价了。毫无疑问，世人可以在没有幸福的情况下生活，因为绝大多数人类都在不自觉地过着这种生活，连当今世界上那些最文明地区的人也不例外；然而，英雄人物或烈士往往必须自觉地做到这一点，为了某种被他们视为比个人幸福更加重要的东西，所以才过着没有幸福的生活。不过，这种东西除了是别人的幸福或获得幸福的某些必要条件之外，还能是什么呢？彻底舍弃自身的幸福，或彻底舍弃自身获得幸福的机会，是一种高尚的品格；但是，归根结底，这种自我牺牲必定是为了实现某种目的，而且这种目的并不是自我牺牲本身。假如有人对我们说，自我牺牲的目的并不是为了幸福，而是获得幸福之上的美德。那么我会问："如果英雄人物或烈士认为自己的牺牲不会让其他人免于做出类似的牺牲，他们还会不会做出这样的牺牲呢？"假如他们认为舍弃自己的幸福不会给任何同胞带来有益的结果，而是会让同胞遭遇相同的命运，并且将同胞也置于那些已经舍弃了幸福的人的境遇中，他们还会不会做出这样的牺牲呢？对于那些能够通过舍弃个人的生活乐趣而为增进世间的福祉做出可贵贡献的人，我们应该致以崇高的敬意；但是，为了其他目的而舍弃个人生活享乐或伪称做到了这一点的人，却像高坐于柱子上修行的苦行僧一样，并不值得我们敬佩。这种人也许算得上一种鼓舞人心的存在，证明了人类能够做到什么，却绝对不能说是人类应当做什么的榜样。

尽管只有在整个世界的制度极其不完善的状态下，人才有可能要通过绝对的自我牺牲来最大限度地服务于他人的幸福，但只要世界还处在那种不完善的状态之中，我就会完全承认这一点：愿意做出这种牺牲，就是我们在人类当中能够发现的最高美德。我还要补充一点，尽管这种观点有可能显得自相矛盾：**在世界并不完善的状态下，能够自觉去过没有幸福的生活，就会让我们最**

有希望过上这种可以获得的幸福生活。因为只有那样的自觉意识，才能让一个人超越人生的各种际遇，才能让他觉得无论命运与运气如何作祟，它们都无力让他屈服。一旦感受到了这一点，他就不会再过分地担忧生活中的各种灾祸，他就能够像罗马帝国最糟糕的时代里的许多斯多葛学派信徒一样，在宁静平和中培养自己能够获得满足的源泉，既不关心这些源泉究竟会存在多久，也不担忧它们会有什么样的必然结局。

与此同时，功利主义者可以永远声称他们有权拥有自我奉献的品德，就像斯多葛学派或先验论者（Transcendentalist）一样。功利主义道德的确承认，人类拥有为了别人的利益而牺牲自身最大利益的能力。它只不过是拒绝承认牺牲本身是一种善行罢了。这种道德认为，一种牺牲若是不会增进幸福，或没有增进幸福的倾向，那就是一种浪费。功利主义道德唯一颂扬的一种自我舍弃，就是为了他人的幸福或为了他人获得幸福的某些手段而做出牺牲；所谓的他人既可以是全人类，也可以是人类集体利益限定范围之内的个人。

我还须重申一下：抨击功利主义的人很少公正地承认，构成功利主义作为评价正确行为之标准的幸福，并不是行为人自身的幸福，而是所有相关者的幸福。功利主义要求，一个人在自身的幸福和他人的幸福之间应该像一个公正而仁慈的旁观者，严格地做到不偏不倚。在拿撒勒人耶稣[1]的金科玉律中，我们就可以看到功利伦理学的全部精髓。"己所欲，施于人"和"爱邻如己"，正是功利主义道德理想而完美的形式。功利主义思想是最接近于实现这种理想的手段，它首先要求，**法律和社会制度应当让每一个人的幸福或者（实际上可称的）利益尽可能地与全人类的利益保持一致；其次，教育和舆论会对人的品性产生巨大的影响，因此应当充分利用那种力量，让每一个人的内心都在自身的幸福与全人类的利益之间确立一种不可分割的联系，尤其是要把自身的幸福与为了追求普遍的幸福而采取的各种积极和消极的行为模式牢固地联系起来。**这样的话，不但一个人可以想见，自己与公众利益相悖的行为不可能给他带来幸福，而且一种促进公众利益的直接冲动还有可能变成每一个人的习惯性行为动机，与之相关的情感也有可能在每一个人的情感生活中占据一个重要而突出的位置。如果说，质疑功利主义道德的人是根据功利主义道德的这种真实性质去理解它的，那么我就不知道，他们还能断言有什么样的可取之处，是其他任何一种道德都拥有、功利主义道德却不具备的；我也不知道，除此之外他们还能认为有其他任何一种道德

1　拿撒勒人耶稣（Jesus of Nazareth），是公元 1 世纪的犹太人加给耶稣基督的一个称呼。因为当时名叫耶稣的犹太人远不止一个，为了与其他的耶稣区分开来，人们便将来自拿撒勒的耶稣（他在那里生活了 30 年）称为"拿撒勒人耶稣"。该称呼在《圣经》的福音书中很常见。

体系能够促进那些更加美好、更加高尚的人性发展，还能说明这些道德体系是依赖哪些行为动力去实施它们的强制要求，而功利主义者却无法获得这些行为动力的。

我们不能总是指责反对者，说他们是在贬损功利主义。恰恰相反，他们当中那些对功利主义的无私性质多少持有一种公正看法的人有时还会挑剔地说，功利主义的标准对人性而言太过高尚。他们声称，要人们总是根据促进公众利益的动机去行事，这种要求太过苛刻了。但是，这种看法其实是误解了一种道德标准的确切含义，并且把行为准则与行为动机混淆了。伦理学的任务，就是指出我们的义务是什么，或我们可以凭借什么样的检验准则去了解这些义务；但是，没有哪种伦理体系要求我们一切行为的唯一动机都必须是一种责任感。相反，我们有百分之九十九的行为都是出于其他动机，并且只要义务准则不会谴责，这些行为就属于正当之举。其实对功利主义更不公平的是，有些人竟然把这种特定的误解当成反对功利主义的理由，因为功利主义伦理学家已经肯定地指出，动机跟"行为是否合乎道德"没有关系，而是与行为人的品格有很大关系，这一点几乎胜过了其他所有伦理学家的观点。拯救溺水同胞的人做的是道德正确的事情，不管此人的动机是责任感还是希望他的付出能够得到回报；背叛一个信任自己的朋友不啻为犯罪，哪怕这样做的目的是有益于另一位更应去帮助的朋友¹。不过，单就出于义务动机并且直接遵从原则的行为而言，若是以为功利主义的思维模式是指人们应当一心去关注像全世界或全社会这样宽泛的普遍性对象，那就是一种误

1　有一位我们很乐于承认他才智与道德公正性的反对者［即 J. 卢埃林·戴维斯牧师（Rev. J. Llewellyn Davis）］，对这段话提出了反对意见，他如此说道："无疑，救起一个溺水者究竟是对是错，在很大程度上取决于救人者的动机。假设一位暴君在敌人跳入海中逃跑时把敌人救起来使其不致溺死，仅仅是为了让他可以对后者实施更加残酷的折磨，那么，把这种救人行为说成'道德上正确的行为'会不会有助于澄清这个问题呢？或者再根据道德调查中的一个老套例子假设一下，若是有人背叛了一位朋友对他的信任，因为履行这种信任就会让那位朋友或其某位亲属遭到致命的伤害，那么，功利主义会不会让我们把这种背叛称为'犯罪'，就像它出于最卑劣的动机似的呢？"我的观点是，一个人将溺水者救起来，以便事后将其折磨而死，与另一个人出于责任或仁慈之心而救起溺水者的做法相比，不仅动机不同，救人行为本身也不一样。在上述假设的情况下，救人行为不过是一种远比任由那人去溺死要残忍得多的行为中必要的第一步罢了。假如戴维斯先生说的是"救起一个溺水者究竟是对是错，在很大程度上"——不是取决于动机，而是——"取决于意图"，那就没有哪位功利主义者会不同意他的观点了。在这个例子中，戴维斯先生是因为一种太过常见却完全不能原谅的疏忽而混淆了"动机"与"意图"这两个截然不同的概念。功利主义思想家（尤其是边沁）已经非常尽心竭力地阐明了这一点。行为的道德性完全取决于意图——也就是说，取决于行为人希望做什么。而动机——即导致行为人希望如此行事的那种感受——若是对行为没有影响，那它对道德性也不会有什么影响，只不过，它会极大地影响到我们对行为人做出的道德评判；当动机说明了一种习惯性的善恶癖性——即一种有可能导致有益或者有害行为的性格倾向时，就尤其如此了。——作者注

解。绝大多数善行，其实并不是为了维护整个世界的利益，而是为了维护构成世界利益的个人利益；在这种场合下，就算是最高尚的人也不需要去考虑特定相关者以外的人，除非是有必要确保他在维护相关人员的利益时，没有侵犯其他任何一个人的权利——也就是没有侵犯别人合法且获得了认可的期望。根据功利主义伦理学来看，增进幸福就是美德的目标。但是，任何一个人（只有极少数人除外）都只是在例外情况下，才有能力极大程度地增进幸福感，也就是成为一个施惠于公众的人；也只有在这种情况下，此人才应当去考虑公众的功利，而在其他所有情况下，此人只需要注意个人的功利和少数人的利益或幸福就行了。只有其行为会影响到整个社会的那些人，才需要习惯性地去关心范围如此宽泛的目标。实际上，在节制的问题上——即人们出于道德考量而克制自身不去做某些事情，尽管在特定的场合下，这些事情导致的结果可能有益—— 一个理智的行为人不自觉地认识到此类行为若是普遍践行就会有害于公众，而这一点也是必须克制此类行为的原因之后，他就会觉得不该那样去做了。这种认识中蕴含的对公众利益的尊重程度，并未逾越每一种道德体系的要求，因为它们全都要求世人戒除明显有害于整个社会的行为。

这些相同的考量因素，还可以解决另一种反对功利学说的观点；这种指责的根源，是反对者更加严重地误解了一种道德标准的目的以及"是""非"二字的确切含义。常常有人断言，说功利主义会让人们变得冷酷无情，说功利主义会让人减少他们对个人怀有的道德情感，说功利主义会让人们只是毫无感情、铁石心肠地去考虑行为的后果，而不对那些行为呈现出来的本质进行道德评价。这种论断若是指他们不允许自己对一种行为的对错所做的判断受到他人对行为人品质所形成的看法的影响，那么它就不是在反对功利主义，而是在反对存在的任何一种道德标准了；因为毫无疑问，没有哪种已知的道德标准会根据行为实施者的善恶来判断这种行为的好坏，更别说会根据行为实施者和蔼可亲、勇敢、仁慈或与之相反的诸多秉性来判定了。这些考量因素评价的并不是行为，而是人；但是，除了人们行为的对错，还有其他方面让我们对他们感兴趣，这个事实与功利主义理论之间没有任何矛盾。的确，斯多葛学派喜欢说"拥有美德者就拥有了一切，也只有拥有美德的人才富有、美丽，才是人中之龙"；这是因为，自相矛盾地滥用语言属于他们理论体系中的一部分，他们还力图通过这种滥用来让自己超然于外，做到不关注美德之外的一切。但是，功利主义理论不会这样来描述有德之人。功利主义者非常清楚，除了美德，世界上还有其他值得追求的财富与品质，并且完全乐意让它们全都充分发挥出各自的价值。他们也明白，一种正确的行为并不一定说明行为人具有高尚的品格，而有些应该受到谴责的行为，却经常源自行为人那些值得颂扬的品质。当这一点在特定的情况下表现得非常明显时，它就会改变功利主义者的评价——当然，改变的不是他们对行为的评价，而是他们对行为人的评价。我承认，尽管如此，功利主义者还是认为，从长远来看，一种良好品质的最佳证据就是善良的行为；但是，他们绝对不会把任何一种主要倾向于作恶的秉性视为良好的品质。这一点，使得功利主义者不受很多人的待见，但每一个严肃对待是非之别的人，必定都会像他们一样不受人待见；这种指责，一个严肃尽责的功利主义者也不需要急着反驳。

　　假如反对功利主义的观点仅仅是说，许多功利主义者都是根据功利主义的标准，用一种太过狭隘的态度去衡量行为的道德性，因此没有充分重视一种使人变得可爱或可敬的性格中的其他美好之处，那么，这种反对意见还是可以接受的。那些陶冶出了道德情操，却既没有培养出同理之心、也没有培养出艺术审美能力的功利主义者，确实会犯这样的错误；而在同样的情况下，其他所有的伦理学家也是如此。能够替其他伦理学家开脱的辩解之辞，同样可以替功利主义者开脱：也就是说，如果一定要犯错的话，在那个方面犯错要好于在其他方面犯错。事实上，我们还可以肯定地说，功利主义者应用他们的标准时，在宽严的尺度方面具有各种可以想见的差异，而信奉其他伦理体系的人也是如此。有些人会像清教徒一样严苛，还有一些人却会尽量宽容，就像罪人或感伤主义者所渴望的那样。但总的来说，一种学说若是突出强调了人类在压制和避免那些在违背道德准则的行为过程中获得的利益，那么它引起舆论对这些违背道德准则的行为进行惩处的能力，就很可能并不逊色于其他任何一种学说。确实，对于"什么行为违背了道德准则？"这个问题，奉行不同道德标准的人可能会时不时地产生分歧。不过，道德问题方面的意见分歧并不是功利主义率先带到世界上来的；但无论怎么说，功利主义学说也确实提供了一种解决这些分歧的方法，就算它并非易行，也是一种切实和可以理解的方法。

※※※

我们不妨再来看一看人们对功利主义伦理学持有的一些常见误解，其中有些误解还极其明显和肤浅，任何一个坦率而聪明的人似乎都是不可能陷入其中的。这种探究不算是多余之举，因为人们常常极少费心劳神去理解任何一种他们怀有偏见的观点所持的立场，连能力天赋很高的人也是如此；人们通常也极少认识到这种自愿的无知是一种缺陷，所以我们在那些最有资格论述崇高原理和哲学的人士精心撰写的著作中，会不断地看到他们对伦理学最庸俗的误解。我们经常听到，功利学说被人抨击为一种无神论的学说。如果一定要驳斥这种纯粹的假设，我们可以说，这个问题取决于我们对"神"的道德品质形成了一种什么样的观念。假如我们真的相信上帝首先希望他创生的万物都能获得幸福，相信这就是上帝把万物创造出来的目的，那么，功利主义就非但不是一种无神论，而且要比其他任何学说都更具深刻的宗教性。假如这种抨击是说功利主义不承认上帝天启的意志属于至高无上的道德法则，那么我会回答说，一个相信上帝至善且至慧的功利主义者必定也会相信，在道德这个问题上，凡是上帝认为适合出现天启的事物，必然也会在最高程度上满足功利的要求。不过，除了功利主义者，还有一些人认为，基督教的天启旨在并适合为人类的心灵灌输一种精神，即一种能让他们自行发现什么事情是正确的，并促使他们在发现之后去践行正确之事的精神，而不是直接告诉人类什么是正确的，除非是用一种极其普遍的方式；他们还认为，我们需要一种道德伦理准则，并且必须谨慎遵循，来向我们阐释上帝的旨意。不管这种观点是对还是错，我们在此都无需讨论；因为无论宗教能够为伦理研究提供什么样的辅助，自然的也好，天启的也罢，功利主义伦理学家和其他任何一个人都能为己所用。功利主义者可以把它当成上帝证明任何一种行为过程究竟是有益还是有害的证据，并把它当成一种正当的权利，就像其他人能用它来提出一种与有益或幸福无关的先验法则一样。

再则，"功利"经常被人草率地贬斥为一种不道德的学说；他们给"功利"冠以"私利"（Expediency）之名，并且利用"私利"一词的普遍用法，将"功利"与"原则"相对照。但是，从它与"正义"（Right）一词相对的意义来看，"私利"通常都是指有利于行为人自身的某种特定利益；比方说，一位大臣为了保住自己的职位而牺牲了国家的利益。如果意思比这要好一点，那么这种行为就是指某种对当下或暂时的目标有利，却违反了一条准则的东西，而遵守这条准则其实从更高的层面来说是有利的。这种意义上的"私利"，非但与"有益"不是同一回事，反倒属于"有害"的范畴了。因此，为了摆脱某种一时的难堪或为了实现某种在当下有益于我们自己或他人的目标而撒谎，往往就属于一种"私利"。不过，由于我们自身在诚实问题上培养出一种敏锐的感受，这是我们的行为能够促成的最为有益的事情之一，这种感受的削弱则是我们的行为能够促成的最为有害的事情之一；由于任何偏离真理的行为，哪怕属于无心之举，也会大大削弱人类论断的可信度，而这种可信度正是当前一切社会福祉的主要支柱，缺乏这种可信度会比其他任何事物都更加严重地阻碍到文明、美德的存在，妨碍到人类幸福最为依赖的一切；因此我们认为，为了当前的利益去违背一条对人类如此有益的准则，并不是一种有益之举，而一个人若是为了自己或其他某个人的方便就为所欲为，在人们原本多少可以信任彼此所说的话语方面剥夺人类的善，并把恶强加给他们，那么此人扮演的角色就无异于人类最邪恶的敌人了。然而，所有的伦理学家都承认，即便是这样一条神圣的准则，也允许出现可能的例外情况；其中最常见的一种例外，就是隐瞒某个事实（比如对坏人隐瞒真实情况，或不让危重病人得知坏消息）会让某一个人（尤其是除自己以外的人）免受严重的和不应有的伤害，而且这种隐瞒只能通过否认来实现的时候。但是，要想不让这种例外超出必要的限度，要想尽量不让它削弱人们对诚实的信赖，我们就必须承认它毕竟是例外，同时还应在力所能及的范围内确定它的界限；如果说功利原则有益于任何事物，那么它一定也有益于我们去权衡这些事物中相互冲突的功利性，有益于划定一种或另一种功利占有优势的范围。

　　同样，捍卫功利主义的人常常发现他们需要对一些反对意见作出答复，比如这一种：在行动之前，我们没有时间去考虑和权衡任何一种行为对公众幸福造成的影响。其实，这就好比是有人说基督教不可能指导我们的行为，因为每当我们必须去做某件事情时，我们都没有时间去把《旧约》和《新约》从头到尾读上一遍。对这种反对意见的回答是，我们一直拥有充足的时间，即拥有人类这个物种过去的全部历史。在那段时间里，人类始终都在借助体验来了解行为的种种倾向；人类所有的审慎行为和所有的人生道德，全都取决于那种体验。但人们谈起来的时候，就好像这种体验过程一直拖到如今才开始，就好像一个人要到忍不住去侵犯别人的财产或生命的那一刻，才开始考虑谋杀或偷窃会不会有损于人类福祉似的。我认为，即便是到了那时，此人也不会觉得这个问题很让人困惑，而是不管怎样，此时他都会去干这件事情。如果认为人类一致同意功利思想是检验道德的标准，却始终会对什么东西有益这个问题达不成一致的意见，不会采取措施来把他们对这个问题的观点传授给年轻人，并且不会通过法律和舆论来加以实施，那就真的是一种荒谬的假设了。我们不难证明任何一种道德标准会起不良作用，只需假定它与普遍的愚蠢结合起来就行；但在没有这种结合的前提下，我们可以说，到了此时，人类必定已经获得了关于某些行为对其幸福具有影响的明确信念；由此传承下来的这些信念，就成了普通大众的道德准则，同时也是哲学家在成功找到更优准则之前的道德准则。我承认（或者更准确地说，是由衷地认为），即便是如今，哲学家们在很多问题上也可以轻而易举地发现更优的准则；公认的道德规范，绝对不是神圣不可侵犯的权利；关于行为对公众幸福的影响，人类需要了解的东西还有很多。功利原则的许多推论，就像每一种实用艺术的规范一样，可以无限地改进；而且，在人类思维不断进步的状况下，它们的改进也一直在进行着。不过，认为道德准则可以改进是一回事，全然忽视中间阶段的概括，力图用基本原则去直接检验每种单一的行为，却是另一回事了。认为承认有一条基本原则与允许存在的一些次要原则相矛盾，是一种古怪的观念。将目的地的情况告知一位旅行者，并不是要禁止他在途中利用路标和路牌。认为幸福是道德的终点与目标，并不意味着我们不该为实现那个目标铺好道路，也不意味着往那个目标而去的人不该获得"朝这个方向走，不应走那个方向"的建议。在这个问题上，人们确实不该再说什么废话了；因为在自己切实关注的其他一些问题上，他们是既不会说、也不会听这种废话的。不会有人认为，由于水手们不会计算航海历（Nautical Almanack），航海术就不是建立在天文学的基础之上。水手们都是理性的人，在出海之前就带上了早已计算好的航海历；所有理性的人在踏入人生这片海洋之前，心中也早已对"是"与"非"之类的常见问题，以及许多艰深得多且涉及"智"与"愚"的问题有了自己的看法。只要人类还具有先见之明的品质，我们就可以料想到，他们仍会继续这样做。无论用什么来充当道德的基本原则，我们都需要借助一些次要原则来应用这种基本原则；不可能没有次要原则，是所有道德体系的共通之处，所以这一点无法用作反对任何一种特定道德体系的论据。但是，如果有人郑重其事地主张，仿佛我们不可能获得这样的次要原则，仿佛人类至今都没有从人生经历中得出任何普遍的结论，并且日后必定也无法得出任何普遍结论，那我就会认为，这种观点简直达到了哲学论争中荒谬至极的高度。

其余反对功利主义的陈词滥调，大多由人性的一些共同弱点，以及有责任心的人在经由人生塑造自己的道路时普遍感到棘手的一些难题组成，认为这些难题的存在归咎于功利主义。反对者告诉我们，功利主义者往往会把自己的特定情况当成道德准则的例外，而在受到诱惑时则会认为，违反一条准则带来的功利性

38

要比遵守一条准则更大。不过，是不是只有功利这种信条，才能为我们提供作恶的借口和欺骗自身良知的手段呢？其实，凡是承认"道德中存在各种相互矛盾的考量因素"这一事实的学说，都提供了大量此类借口和手段；理智者认为，所有学说都是如此。行为准则不可能严格是到要求没有例外的程度，而几乎任何一种行为，也都无法可靠地被定性为是一种应当提倡或受到谴责的行为；这种情况，并不是任何一种信条的过错，而是人间世事的复杂本质造成的。世界上所有的道德信条，都会为了适应环境的特殊性而给行为人的道德义务留下一定的回旋余地，从而让其法则变得不那么严格、僵化；所以，自我欺骗之举和不诚实的诡辩之词就会趁机而入，经由回旋余地留下的缺口进入每一种信条中。世界上所有的道德体系，都会出现明确存在义务冲突的情况。这些方面才是真正的难题，才是道德理论和对个人行为尽责指导时真正让人感到棘手的地方。凭借个人的才智与美德，人们会在实践中或多或少地克服这些问题；但我们很难说，在拥有了一种可以对相互冲突的权利和义务进行参照的终极标准之后，有哪一个人解决这些问题的能力反倒变差了。假如功利思想是道德义务的终极来源，那么，当道德义务的各项要求之间产生矛盾时，我们就可以利用功利标准在它们之间作出抉择了。尽管运用这种标准可能很困难，但有这样一种标准总比根本没有标准要好。在其他的伦理体系中，各种道德法则全都要求具有独立的权威性，却没有一条介入它们之间的共同的判定法则；这条法则要求优先于另一条法则的理由，其实比诡辩好不到哪里去；除非是像通常情况那样，根据某些功利考量因素并未获得公认的影响因素来加以判定，否则，就会给个人欲望和偏好方面的行为留下随心所欲的空间。我们必须记住，只有在次要原则之间出现冲突的情况下，我们才有必要去诉诸基本原则。世界上没有哪种道德义务中不含有某种次要原则，假如其中只涉及到一条次要原则，那么在任何一个承认这条原则本身的人心中，几乎都不可能真的怀疑它究竟属于哪条原则。

第三章 论功利原则的终极约束力

　　对于任何一种假定的道德标准，人们经常提出且提得非常恰当的问题就是：它有什么样的约束力？服从这种标准的动机是什么？或者更确切地说，这种标准规定的义务源自哪里？它的约束力又从何而来？道德哲学中一个必要的组成部分，就是对这些问题作出回答；尽管这类问题经常呈现出一副反对功利主义道德的面目，仿佛与其他方面相比，它对功利主义道德最具某种特殊的适用性似的，可它其实是所有标准都要面对的问题。事实上，每当一个人不得不接受一种标准，或必须把道德建立在他还不习惯去依赖的任何基础之上时，就会出现这种问题。因为已经被教育和舆论神圣化了的习俗性道德，是唯一让人觉得它本身就具有约束力的一种道德；我们要求一个人相信这种源自习俗的道德义务还没有同等地加以神圣化的某条普遍原则时，这种主张对他来说就是一个悖论。在此人看来，假定的推论似乎比原始的定理更具约束力，而上层建筑在没有提出这种基础时，似乎也要比有这种基础的时候更加稳固。他会对自己说："我觉得自己有义务不去抢劫或杀人，不去背叛或欺骗，可我为什么非得去促进大众的福祉呢？假如我自己的幸福在于其他某种东西，那我为什么不可以优先选择那种东西呢？"

如果功利主义哲学在道德感的本质方面所持的观点是正确的，那么，这个难题就总是会出现；一直要到构成道德品质的各种作用力影响功利主义原则的程度达到了它们影响该原则某些结果的程度——即一直要到教育的进步让那种与同胞团结一致的情感在我们的性格中变得根深蒂固（基督的旨意无疑正是如此），并且让我们自己意识到它完全属于我们本性的一部分，就像一个普普通通地受过良好教养的年轻人会对犯罪行为心存憎恶一样，这个难题才会不再出现。可与此同时，这个难题不是仅仅适用于功利学说，而是对道德展开分析并将它归纳为各条原则的每一种尝试中所固有的；除非道德原则就像它的任何一种应用一样，已经在人们的心中被赋予了极大的神圣性，否则，这种尝试似乎就总会导致道德原则及其应用丧失一部分神圣性。

功利原则具备其他任何一种道德体系所具有的一切约束力，而我们也没有理由说它不可以具备其他任何一种道德体系所具有的一切约束力。它们要么属于外在的约束力，要么就是内在的约束力。对于外在的约束力，我们没有必要详加论述。它们包括：

获得同胞喜爱或为宇宙主宰（Ruler of the Universe）所恩宠的希望、对同胞或宇宙主宰不悦的担忧，以及我们对同胞可能具有的任何同情与喜爱之情，或对上帝可能怀有的任何热爱与敬畏之心；后者会促使我们遵循上帝的旨意行事，而不去考虑这样做会不会带来利己的结果。显然我们完全没有理由说，所有这些动机不该像遵循其他任何一种道德一样，适用于彻底而有力地去遵循功利主义道德。事实上，其中那些涉及我们同胞的动机无疑遵循着功利主义道德，其程度则与普遍的智力水平相称。因为除了普遍幸福之外，无论道德义务还有没有其他的理由，人们确实都会渴望获得幸福；无论自身的做法可能是多么的不完美，他们都会渴望和赞扬别人为他们做的、他们认为自己的幸福因此而得到提升的所有行为。至于宗教动机，假如人们都像大多数人声称的一样相信上帝的善，那么，凡是认为"有益于普遍幸福"就是善的本质甚或只是善的标准的人，就必然会认为"有益于普遍幸福"也是上帝所称许的。因此，外在的奖励和惩罚——无论是肉体上的还是道德上的，无论是来自上帝还是来自我们的同胞——的全部力量，再加上人类本性所允许的对上帝和同胞无私奉献的一切能力，就都有利于实施功利主义道德，其有利程度与我们认可这种道德的程度成正比；它们的力量越是强大，教育和公众教养这两种手段就越会致力于实现这一目标。

关于外在的约束力，我就说这么多。至于义务的内在约束力，无论我们的义务标准是什么，它都只有一种——**那就是我们内心的一种情感；是一种随着违反义务而产生的、强烈程度不一的痛苦，而在更加严重的情况下，那些具有良好道德修养的人由此产生的痛苦感还会上升到让他心生畏惧，从而不可能去违反义务的程度。**在不带私心，并且与纯粹的义务观念相契合，而不是与某种特定的义务或与任何一种纯属附带的情况相关联时，**这种情感正是良知（Conscience）的本质；尽管在实际存在的那种复杂现象中，这个简单的事实通常都被彻底掩盖在种种附属性的关联之下：它们源于同情，源于热爱，更源于担忧；源于各种形式的宗教情感；源于我们对童年和过去全部生活的回忆；源于自尊和获得他人尊重的渴望，有时甚至是源于自卑。**这种极端的复杂性在我看来，就是人类心灵的一种倾向（还有很多其他的例子可以说明这种倾向）很容易让人认为道德义务观念具有一种神秘特性的根源；那种神秘特性导致人们相信，除了在我们当前的经验中通过一种假定的神秘法则发现可以激发道德义务观念的那些对象，道德义务观念就不可能附着于其他任何对象之上。然而，道德义务的约束力主要在于我们心存一种情感；我们必须突破这种情感，才能做出违背道德标准的事情，如果没有突破这种情感就违背了道德标准，那么过后我们多半就不得不去面对自己的悔恨之情了。无论我们对良知的本质或根源持有什么样的理论，这种情感都是构成良知的根本要素。

因此，既然所有道德（除去外在动机）的终极约束力就是我们内心的一种主观情感，那么我认为，把功利思想当成道德标准的人在面对"那种特定标准的约束力是什么？"这个问题时，就没有什么可尴尬的了。我们可以回答，它的约束力与其他所有的道德标准一样——就是人类出于良知的情感。无疑，这种约束力对那些并不具有它所要求的良知情感的人是没有约束作用的；只不过，这种人既不会服从功利主义道德原则，也不会遵从其他任何一种道德原则。除非凭借外在的约束力，否则，任何一种道德对他们都不起作用。另一方面，出于良知的情感确实存在，这是人性中的一个事实；这些情感的真实性，以及它们能够对那些已经适当培养出了良知情感的人产生巨大影响的力量，都已为经验所证明。至今还没有任何理由表明，与功利主义原则关联起来之后，它们为什么就不能像与其他任何道德准则相关联时那样，被培养到极其强烈的程度。

　　我知道，人们常常认为，如果一个人把道德义务看作一种先验事实和一种属于"物自身"（Things in Themselves）范畴的客观存在，那么，相比于那些认为道德义务全然具有主观性、只存在于人类意识当中的人来说，这种人就更有可能去遵从道德义务。但是，无论一个人对"本体论"（Ontology）的这个核心问题可能持有什么样的观点，真正推动此人的力量还是他自身的主观情感，并且完全是由他主观情感的强度来加以衡量的。没有哪个人认为"义务"是一种客观存在的信念，会比他相信上帝也属于一种客观存在的信仰更加坚定；但是，除了实际奖惩方面的期望，对上帝的信仰也只有通过主观的宗教情感才会作用于行为，而作用的力量也与宗教情感的强度成正比。只要约束力是公正无私的，它就始终存在于内心当中；因此，先验论伦理学家所持的观念必定是：除非我们相信道德义务的约束力源自心灵之外，否则的话，它就不会存在于心灵之中；假如一个人能够对自己说，这种正在约束着自我并且被称为"我的良知"的东西仅仅是自己内心的一种情感，那么他就有可能得出结论，这种情感消失之后义务也会随之结束，而且，如果发现这种情感令人难以接受，他就有可能忽视和努力想要摆脱这种情感了。不过，是不是仅有功利主义道德才有这种危险呢？认为道德义务源于心灵之外的信念，会不会导致这种情感太过强烈而难以摆脱呢？事实恰恰相反，因为所有的伦理学家全都承认并且哀叹道，在一般人的心中，良知都是可以轻而易举地遭到遏制或扼杀的。从未听说过功利原则的人也会像奉行功利原则的人一样，经常对自己提出这个问题："我需要遵从自己的良知吗？"那些允许自己提出这个问题的人，内心源于良知的情感都极不牢固；他们就算做出了肯定的回答，也不会是因为他们信奉先验理论，而是因为各种外在的约束力让他们做出了肯定回答。

就当前的论述目的来看，我们无需去判断义务感究竟是先天具有的，还是后天被灌输的。假设义务感是与生俱来的，那么它会自然而然地依附于哪些对象之上，就是一个尚未解决的问题；因为哲学上支持那种理论的人如今一致认为，直觉是对道德原则的感知，而非对道德细节的感知。要说这个问题中有什么东西与生俱来的话，那么我认为，我们就没有任何理由说这种天生的情感不是对他人苦乐的关注之情了。如果真有哪条道德原则是人们凭直觉就必须去遵从的，那么我会说，这条原则必定就是应当关注他人的苦乐。果真如此的话，直觉伦理学与功利主义伦理学就会如出一辙，它们之间也就不会再有争论了。甚至照目前的情况来看，尽管直觉伦理学家认为还存在其他的直觉性道德义务，但他们确实也已经相信，关注他人的苦乐就是其中之一；因为他们一致认为，道德情感的很大一部分都取决于我们对同胞利益的关心。所以，如果认为道德义务具有先验性起源的信念会增强内在约束力的效力，那么在我看来，功利主义原则就已经受益于这种信念了。

另一方面，就算像我本人认为的那样，道德情感并非与生俱来，而是后天习得的，它们也不会因此而变得不那么具有本能性。说话、推理、建造城市和耕种土地等本领虽然都是后天习得的，但它们全都属于人类的本能行为。我们并不能在所有人的身上察觉到道德情感，所以从这个意义上来说，道德情感确实并非我们本性中的组成部分；但令人遗憾的是，这一点却正是那些最坚定地相信先验起源说的人所承认的一个事实。正如上文中提及的后天习得的其他能力一样，道德官能就算不是我们本性中的一部分，也是我们的本性所导致的自然产物；它与其他能力一样，在某种轻微的程度上能够自发地迅速形成，并且可以通过培养而得到高度发展。可惜的是，道德官能也可以凭借各种充分利用外在的约束力和早期印象的力量，朝着几乎任何方向发展；因此，凭借着这些影响，世间几乎就没有什么荒谬而有害的东西不可以利用良知的全部权威对人类的心灵产生作用了。就算功利原则在人类的本性当中没有根基，我们也可借助同样的手段赋予它同样的效力；如果质疑这一点，就将严重违背全部的经验。

不过，在智育发展的过程中，纯属人为创造的道德关联会在分析的消解性力量面前逐渐屈服：假如义务感与功利关联起来后会显得同样武断，假如我们的本性中既没有占主导地位的组成部分，也没有那种强大有力的情感，让这种关联可以与之和谐一致，让我们觉得它颇合心意，并且让我们不仅赞同在别人身上培养出这种关联（对于这一点，我们具有充足的利益动机），而且珍惜自己身上的这种关联——简而言之，假如功利主义道德没有一种天生的情感基础，那么，这种道德关联即便是通过教育灌输给人们，也完全有可能被消解殆尽。

但是，这种强大有力的天然情感基础确实存在；一旦我们承认普遍幸福是道德标准，这种情感基础就将成为功利主义道德的力量。这个坚实的基础，就是人类社会情感的根基，就是与我们的同胞保持和睦一致的愿望——它已经是人性当中一条强大有力的原则，而幸运的是，它还是在不断进步的文明影响下产生的无需明确灌输就会变得更加强大有力的原则之一。社会状态对人类来说如此自然、如此必要和如此惯常，以至于除非是在某些不同寻常的情况下（退出自然状态），或自愿退出，人类决不会认为自己不是一个群体中的一员；随着人类进一步摆脱野蛮的独立自恃状态，这种关联也变得越来越牢固了。因此，构成一种社会状态所必需的任何条件，都会日益变成每个人对自己生于其中、并且属于一个人命运的那种事物状态的概念中不可分割的组成部分。然而，除了在主奴关系当中，人与人构成的社会显然是不可能不顾及所有人的利益而建立在其他任何一种基础之上的。只有**在所有人的利益都获得了同等重视的前提下，平等社会才有可能存在。既然在一切文明状态下，除专制帝王以外的每一个人都有与之平等的人，那么每一个人也有义务按照这些条件去跟某个人平等相处；而且，每个时代都会在朝着一种状态迈进的过程中取得一定的进步，人们在那种状态中将不可能遵照其他的条件与任何一个人永久相处。**如此一来，人们逐渐就能想到，他们是不可能在一种完全无视他人利益的状态下生活的。他们必须想到，至少他们绝对不能去干任何较为严重地损害他人的事情，并且（哪怕仅仅是为了保护自己），也至少要不断地与这种损害相抗争。对于与他人合作、提出把集体利益而非个人利益当作自己的行为目标（起码也是暂时的行为目标）这一事实，他们也会了然于胸。只要是携手合作，他们的目标就会被等同于别人的目标；他们至少会暂时感受到，别人的利益就是他们自己的利益。各种社会纽带的加强和社会各个方面的健康发展，不但会让每一个人都有更加强烈的个人兴趣来实实在在地顾及他人的福祉，还会促使每一个人日益让自己的情感与他人的福祉保持一致，或起码也会让每一个人更加切实地去关心他人的幸福。就像出于本能似的，他会开始意识到，自己理当关心别人。对他来说，顾及他人的利益会变成一件自然和必要的事情，就像顾及任何一种物质生存条件一样。如此一来，无论一个人怀有多少这样的情感，他都会在兴趣和共鸣这两种最强烈的动机的驱使下将它表露出来，并且会尽其所能地鼓励他人心怀这种情感；就算一个人本身丝毫没有这种情感，他也会像其他任何一个人那样，对别人是否怀有这种情感极有兴趣。结果，共鸣的感染力和教育的影响力就会抓住这种情感最细微的萌芽并加以滋养，而各种外在约束力的强大作用则会在它的周围织就一张"确证性关联"（corroborative association）的完整网络。随着文明继续发展，人们就会感到这种设想我们自己和人类生活的模式越来越自然了。政治改良方面迈出的每一步，都通过消除利益对立的根源、消除个人或阶级之间法定权利上的种种不平等，强化了人们的这种感受；正是由于那些不平等的存在，如今漠视大部分人幸福的做法才依然行得通。在人类思想日益进步的状态下，这些影响也在不断增加，常常会让每个人心中产生一种与其他所有人和谐统一的情感；如果达到了极致，这种情感就绝对不会让他在面对没有把他人利益包括在内的利益时，绝对不会想到或渴望获取任何有利于自己的条件。假如我们现在把这种和谐统一的情感设想成一种宗教来传播，并且像以前宗教文化发展的情况一样，利用教育、各种制度和舆论的全部力量，让每个人自幼时开始，在成长过程中由始至终被这种职业及其实践包围着，那么我认为，凡是能够认识到这种设想的人，都不会对"幸福"道德具有充足的终极约束力心存疑虑。凡是觉得难以领会这种设想的伦理学学者，我会建议他们去看一看孔德先生[1]两部主要著作中的第二部，即《实证政治体系》（*Système de Politique Positive*）来增进理解。虽然本人对那部专著中提出的政治和道德体系持有最坚定的反对意见，但我认为它已充分说明，就算是没有上帝这种信仰的助力，我们也可以给"服务于人类"赋予一种宗教的外在力量和社会效力，使得它

1　孔德先生指奥古斯特·孔德（Isidore Marie Auguste François Xavier Comte，1798—1857），法国著名哲学家、社会学和实证主义的创始人。他开创了社会学这一学科，被尊称为"社会学之父"。他创立的实证主义学说，是西方哲学由近代转入现代的重要标志之一。著有《实证哲学教程》和《实证政治体系》（亦译《实证政治学》）等作品。

完全掌控人类的生活，并且让所有的思想、情感和行为都带上它的色彩，因此从某种意义上来说，任何宗教曾经发挥过的最大支配作用可能都只是一种预先尝试罢了；这样做的危险不在于掌控不足，而在于掌控过度，以至于会过度干扰人类的自由和个性。

对于认可功利主义道德的人来说，这种构成功利主义道德约束力的情感也不一定要等到那些"会让整个人类都感受到功利主义道德义务的社会作用力"出现后才会产生。我们目前所处的时代，是人类发展过程中一个相对的早期阶段，一个人在这个阶段确实无法与其他所有人之间产生完全的、会让他们生活中的行为在大方向上不可能出现任何真正冲突的同感；不过，一个人的社会情感若是已经得到充分发展，就不可能把其他同胞看成是与他争夺幸福途径的竞争对手，不可能为了成功实现自己的目标而渴望看到同胞在实现其目标的过程中遭遇挫败。如今每个人都把自己视为一种社会存在，这种根深蒂固的观念常常让一个人觉得，他的本能需求之一，就是自己的情感和目标应当跟同胞的情感和目标保持和谐一致。就算观点与精神素养两个方面的差异使得他不可能与同胞怀有许多相同的实际情感——或许还会让他谴责和拒斥那些情感——他也仍然需要认识到自己的真正目标与同胞的目标并不冲突，认识到他并不是要反对同胞们真正希望获得的东西，即他们自身的利益，反而是要增进同胞们的利益。在大多数人身上，这种情感的力量远远比不上他们的种种自私，甚至经常全然不存在。但对那些怀有这种情感的人来说，它却具备一种自然情感的全部特征。他们心中怀有的这种情感，既不是对教育的迷信，也不是社会力量专制地强加给他们的法则，而是一种对他们来说要是没有就会很不舒服的品质。这种信念，就是最大幸福道德的终极约束力。正是这种信念，会让任何一个具备健全情感的人充分利用我所称的"外在约束力提供的种种外部动机"去关心他人，而不是抵制它们；而当缺乏那些外在约束力，或它们起的是反作用时，这种信念本身又会构成一种强大的、与个人品质的敏感性及善思性相称的内在约束力；因为除了那些心中毫无道德感的人以外，是很少有人能够忍受他们在规划自己的人生道路时，除非为自己的私利所驱使，否则就毫不顾及他人的做法的。

第四章 论功利原则的证明

　　前文已经指出，从"证明"一词平常通用的意义来看，终极目的问题都是不可能得到证明的。所有的基本原理，连同我们的知识及行为的基本前提，全都无法凭借推演来加以证明。不过，基本原理属于事实问题，可以是直接诉诸各种与事实判断相关的官能——即我们的感官和内在意识——的主体。在实践目的的问题上，我们能否诉诸这些相同的官能呢？或者说，人们还可以通过其他哪种官能去认识这些实践目的呢？

　　目的问题换句话来说，就是关于什么东西值得追求的问题。**功利主义理论认为，幸福就是值得追求的目的，而且是唯一值得我们去追求的目的；当其他一切事物，都只是作为实现幸福这一目的的手段时，才值得我们去追求。**那么，这种学说应当具备什么东西——即这种学说应当满足哪些必要的条件——才能成功地让人们相信它的观点呢？

能够证明一个物体可见的唯一证据，就是人们确实看到了这个东西；能够证明一种声音可以被听见的唯一证据，就是人们确实听到了这种声音。我们其他经验来源的证明，也是如此。同理，我认为可以证明任何一种东西值得追求的唯一证据，就是人们确实想要得到它。假如功利主义学说为自己提出的目的，在理论上和实践中都没有被世人公认为一种目的，那么，就没有什么东西能够说服任何人去相信它是一种目的。除了每个人都是因为相信自己可以获得幸福才去追求自身的幸福这一点之外，我们就没有任何理由能去说明普遍幸福为什么值得追求了。然而，由于这是事实，所以我们不但拥有这种情况容许的一切证据，而且拥有可能需要的全部证据，来证明幸福是一种善：每个人的幸福对其自身来说都是一种善，因此普遍幸福对所有人组成的整体而言也是一种善。幸福既然已经确立为行为的目的之一，所以也成了道德标准之一。

但是，仅凭这一点，幸福并没有证明自身就是唯一的道德标准。要想做到这一点，那么根据相同的规则，我们似乎就必须证明：人们不但渴望获得幸福，而且绝对不会去追求其他任何一种东西。但显而易见的是，他们确实会去追求其他的东西；用通俗的话来说，它们都是与幸福截然不同的东西。比方说，他们追求美德和不想作恶的程度，实际上并不亚于他们对快乐和摆脱痛苦的孜孜以求。虽然追求美德的现象没有那么普遍，但它与人们对幸福的追求一样，是一个不折不扣的事实。因此反对功利主义标准的人都认为，他们完全可以推断——除了幸福，人类的行为还有其他目的，而幸福也并不是赞成和反对那些目的的标准。

不过，功利主义学说是不是否认人们追求美德，或认为美德并非一种值得追求的东西呢？恰恰相反。功利主义学说不但认为美德值得追求，而且认为我们应当不带私心，为了美德本身而去追求美德。无论功利主义道德伦理学家们对美德赖以形成的初始条件可能持有什么样的观点，也不管他们如何相信（如他们实际所做的那样）行为与性情之所以高尚端正，只是因为它们促进了美德以外的另一个目的；承认了这一点，并且根据这种描述中的考量因素确定了何为美德之后，他们不但会把美德置于那些适合作为手段去实现终极目的的善事之首，还会承认一个心理事实，即对个人而言，不用去考虑美德以外的任何目的，美德本身有可能就是一种善。他们还会认为，除非是把美德本身当成一种值得追求的东西去加以热爱，哪怕在个别情况下美德不会带来它通常都会形成并因此而被人们视为美德、值得追求的其他结果也不例外，否则的话，一个人的心灵就不是处在一种正常状态中，就不是处在一种与"功利"保持一致的状态中，就不是处在一种最有益于普遍幸福的状态中。这种观点，其实丝毫都没有违背幸福原则。组成幸福的要素多种多样，其中的每一种本身都是值得追求的，而不仅仅是我们认为它们能够增加幸福总量的时候才值得去追求。功利原则并不是指任何一种特定的快乐（比如音乐）或任何一种特定的免除痛苦的状况（比如健康），都应当被视为实现某种称作幸福的集体所有物的手段，并且因此而应当去追求。它们本身既为世人所追求，同时也是值得世人去追求的；除了是手段，它们也是目的的一部分。根据功利主义学说，美德原本并非天生就是目的的组成部分，但它能够变成目的的一部分；在那些公正无私地热爱美德的人身上，它已经变成了目的的一部分，他们也不是将它当成实现幸福的手段，而是把它当成他们幸福的一部分去追求和珍视。

为了进一步说明这一点，我们不妨记住，美德并不是唯一一种原本属于手段的东西；如果不属于实现其他事物的手段，它就会变得无关紧要且一直如此，但与这种手段要实现的东西关联起来之后，它本身就会变成人们追求的对象，并且变成人们最强烈地渴望获得的东西。比方说，我们应该怎样评价世人对金钱的热爱呢？与任何一堆闪闪发光的鹅卵石相比，金钱原本并非更值得人们去追求的东西。**金钱的价值，完全就是它能够购买到的东西的价值；我们追求的是其他东西，而金钱本身不过是满足我们这些追求的一种手段罢了。然而，热爱金钱不但是人类生活当中最强大的动力之一，金钱本身还在很多情况下也成了人们的追求之物；拥有金钱的欲望常常比使用金钱的欲望更加强烈，而当人们对所有指向金钱以外且为金钱所涵盖的目标的追求消退时，他们**

拥有金钱的欲望却会不断增强。因此我们可以实事求是地说，人们追求金钱并不是为了实现一个目的，而是把金钱当成了目的的一部分才去追求的。金钱本身已经从实现幸福的一种手段，变成了个人幸福观当中一个主要的组成因素。可以说，人类生活中的大多数宏伟目标都是如此，比如权力或者名望；只不过，其中的每一个宏伟目标都带有一定程度的直接快乐，而这种直接快乐起码也会与"那些目标是与生俱来"的感觉相似；可对于金钱，我们就不能这么说了。然而权力与名望最为强大的天然魅力，却在于它们为我们实现其他的愿望提供了巨大的帮助；正是它们与我们追求的一切目标之间的强大关联，才让我们带着通常的那种强烈程度直接去追求它们，以至于某些人对它们的追求还超过了其他的所有欲望。在这些情况下，手段已经变成了目的的一部分，并且成了比它们作为手段去实现的其他任何东西都更加重要的组成部分。曾经作为获得幸福的一种手段而为人们所追求的东西，如今变成了人们追求的东西本身。然而，尽管本身为人们所追求，但它也是作为幸福的一部分而为人们所追求的。仅仅拥有了它，就会让一个人感到幸福，或者让人认为自己会感到幸福；如果没能获得它，就会让一个人觉得不幸福。渴望掌握获得幸福的手段，与渴望幸福之间没有什么不同，就像人们热爱音乐或渴望健康一样。它们全都囊括在幸福之中，是我们对幸福的追求当中的一些构成要素。幸福并不是一种抽象的概念，而是一个实实在在的整体，上述要素，就是幸福的一些组成部分。而且，功利主义标准也支持和认可它们如此。假如没有这种自然的安排，生活就将是一件糟糕的事情，几乎没有什么幸福的源泉；凭借这种安排，一些原本无关紧要却有益于满足我们的原始欲望或与满足我们的原始欲望有关的东西本身就会变成快乐的源泉，并且无论是在持久性上，还是在能够涵盖人类生存的空间方面，甚至是在强烈程度上，它们都会比原始的欲望更加重要。按照功利主义的构想，美德就是这种类型的善。除了它有助于获得快乐，尤其是有助于防范痛苦，我们并没有追求美德的原始欲望或动机。但是，通过由此形成的关联，我们就有可能觉得美德本身就是一种善，并且像追求其他任何善行一样强烈地去追求美德了；这种追求与热爱金钱、权力或名望之间的区别则在于，对金钱、权力或名望的热爱全都有可能导致且事实上也经常导致一个人危害他所隶属的社会中的其他成员，而世间最能让一个人为其他社会成员带来福祉的，就是让他培养出一种不带私利的热爱之心。因此，功利主义标准虽然包容和允许有其他后天习得的欲望——只要它们对普遍幸福的危害没有超过它们增进普遍幸福的程度就行——可这种标准其实要求我们把热爱美德视为促进普遍幸福的首要条件，并且尽力去培养这种热爱。

我们根据前述考量会得出结论：事实上世人追求的无非就是幸福而已。人们无论追求什么东西，如果不是把它当作一种实现自我之外的某种目的且最终获得幸福的手段，那就是把它本身当成了幸福的一部分才去追求，并且除非那种东西已经变成幸福的一部分，否则人们就不会因为它本身而去追求它。那些为了美德本身而去追求美德的人之所以如此，不是因为他们意识到美德是一种快乐，就是因为他们认识到没有美德是一种痛苦，或是二者兼而有之；事实上，快乐与痛苦极少单独存在，几乎总是共生共存的，同一个人既会因为获得了某种程度的美德而感到快乐，又会因为没有获得更多的美德而感到痛苦。假如前者没有给他带来快乐，后者也没有给他带来痛苦，那他就不会热爱或去追求美德；就算此人热爱或追求美德，也仅仅是因为美德有可能给他自己或他关心的人带来其他好处而已。

因此，我们现在就有了一个答案，来回答功利原则可以用哪种证据去证明。假如我此时陈述的观点在心理上是正确的——假如人类的本性天生如此，不会追求任何一种不是幸福的组成部分或并非获得幸福之手段的东西，那么，我们就不可能有其他的证据，也根本不需要其他的证据来证明，它们是唯一值得人类去追求的东西。果真如此的话，幸福就是人类行为的唯一目的，而增进幸福就成了评判人类所有行为的检验标准；由此得出的必然结论则是，幸福一定也是道德的标准，因为部分包含于整体当中。

现在，为了判断事实是否真的如此，为了判断人类因事物本身而去追求的东西是否确实只有那些对他们而言是一种快乐或如果欠缺就会让他们感到痛苦的东西，我们面对的显然就是一个涉及事实和经验的问题；与其他所有的类似问题一样，回答这个问题也有赖于证据。它只能通过老练的自觉意识和自我观察，以及他人的观察来辅助解决。我认为，如果公正无私地去看待，这些证据来源就会表明：追求一种东西并且发现它令人愉悦，厌恶一种东西并且认为它令人痛苦，这是两种不可分割的现象，或者更准确地说，是同一现象中的两个组成部分，严格说来还是对同一心理事实的两种不同命名方式，即：认为一个对象值得追求（除去是因为它带来的结果而值得追求这一点）与认为一种东西令人愉悦，是同一回事；除非是我们心中认为该事物令人愉悦，否则，从自然规律和形而上学两个方面来看，我们就不可能去追求任何东西。

这个道理在我看来极其明显，因此我认为它几乎不会受到质疑；就算有人反驳，他们也不会说追求最终指向的有可能并不是幸福和免除痛苦，而是会说意愿与追求并不是一回事；他们会说，一个德行坚定的人或其他任何一个目标明确的人在实施他的意图时，根本不会想到他思考意图时带来的那种快乐，也不会期待着意图实现之后所带来的快乐，而是会坚持不懈地根据自己的意图行事，哪怕这些快乐因为他的性格变化或被动感受能力衰退而大幅减少，哪怕追求意图可能给他带来的痛苦大大超过了这些快乐，也不会改变初衷。我不但完全同意，还在别的地方与任何人一样肯定和强调过这种观点。意愿是一种主动现象，它不同于渴望，因为渴望是一种被动感受的状态。尽管意愿原本衍生自渴望，但随着时间的推移，意愿可以扎下根来，摆脱它的母体；因此，就一种习惯性的意图而言，我们常常并不是因为渴望才想要获得某种东西，而完全是因为我们想要获得某种东西才会心生渴望。然而，这只是说明一个众所周知的事实，即"习惯的力量"的例子而已，并非局限于道德高尚的行为。许多无关紧要的事情，人们起初都是出于某种动机才去做，后来继续做下去却是出于习惯了。有的时候，他们会在无意中这样做，只有实施行为之后才会意识到；还有一些时候，他们却是带着自觉意志行事，只不过那种意志已经成为习惯，并且通过习惯的力量付诸实施，或许还会与刻意的偏好相反，而那些已经染上不良或有害的放纵恶习的人身上，就经常出现这种情况。第三种也即最后一种情况则是，在个别例子中，习惯性的意愿行为与其他时期盛行的普遍意图并不矛盾，而是在实现那种普遍意图；德行坚定的人和所有审慎且持续地追求任何已确定目标的人，都属于这种情况。如此理解的话，意愿与渴望之间的区别就成了一个真正存在且极其重要的心理事实；不过，这个事实仅仅在于：与我们性格中的其他组成部分一样，意愿会服从于习惯，而我们则有可能出于习惯，想要获得某种我们不再因其本身而渴望的东西，或仅仅是因为我们想要获得，才会渴望那种东西。同样正确的是，意愿最初完全是由渴望导致的，其中包括了痛苦令人厌恶的作用和快乐令人神往的力量。我们不妨先不考虑那种拥有坚定的意志去做正确之事的人，而是考虑一下那种道德意志还很软弱、容易受到诱惑并且不能完全给予信赖的人。要用什么样的手段，才能增强他们的道德意志呢？在力量不足的情况下，怎样才能向他们灌输或唤醒他们的道德意志呢？唯一的办法，就是让他们渴望获得美德——让他们觉得美德令人快乐，或没有美德会令人感到痛苦。正是通过把行善与快乐关联起来、将作恶与痛苦关联起来，或通过激发和暗示，让人深刻体会到行善中自然含有的快乐或作恶中自然含有的痛苦，我们才有可能唤起让人变得道德高尚的意志，而这种意志变得坚定之后，就会在完全不去考虑快乐或痛苦的情况下发挥作用了。意愿是渴望的"孩子"，脱离了"家长"的管教之后，最终就会服从习惯的支配。由习惯产生的结果，并不能说明它的本质良善；那些令人觉得愉悦和感到痛苦的关联的作用虽然能够促生美德，但在获得习惯的支持之前，却并不足以让我们依赖它来保持行为的一以贯之，不然的话，希望美德的目的应该不受快乐与痛苦的影响，就毫无道理可言了。无论是在情感中还是在行为中，习惯都是唯一能够带来确定性的东西；正是因为对别人来说，能够绝对依赖一个人的情

感与行为很重要，而对一个人本身来说，能够依赖自己的情感
与行为也很重要，我们才应培养行善的意愿，让它形成这种习
惯上的独立性。换句话说，意愿的这种状态是达到高尚良善的
一种手段，但它本身并不是一种善；这一点，与认为"对人类
而言，除了事物本身令人快乐或属于获得快乐、免除痛苦的手
段，此外就没有什么东西为善"的信条并不矛盾。

不过，假如这种信条是正确的，功利原则就得到了证明。至
于情况是否如此，就只能留给善于思考的读者去斟酌了。

第五章 论正义与功利的联系

    在所有的思辨时代，导致人们难以接受"功利或者幸福是检验对错的标准"这一学说的最大障碍之一，向来都是"正义"这一观念。"正义"一词会像一种本能那样，快速而确定地激发出强烈的情感和明显清晰的感知，而在大多数思想家看来，这种情感和感知都指向了事物的一种固有性质，表明正义必定是作为一种在属类上不同于各种利益的绝对之物而存在于大自然中；尽管（人们普遍公认）从长远来看，正义事实上从来没有脱离过利益，但在观念上却是与利益相对立的。

    在这种情况下，正义就像我们面对的其他道德情感一样，它的起源和约束力之间并没有什么必然的联系。大自然赋予我们一种情感，并不一定说明这种情感激发出来的所有冲动都是正当合理的。正义感可能属于一种独特的本能，但它或许就像我们的其他本能一样，终归需要一种高级理性来加以约束和指导才行。假如我们既拥有思维本能，能够让我们以特定的方式做出判断，同时又拥有动物本能，能够促使我们以特定的方式行事，那么在二者各自的领域里，前者就并不一定会比后者更加可靠：就像动物本能偶尔会让人做出错误的行为一样，思维本能偶尔也会让人做出错误的判断。不过，相信我们拥有与生俱来的正义感是一回事，而承认正义感是检验行为的终极标准又是另一回事，但这两种观点之间其实有着极其紧密的联系。人类总是倾向于认为，任何一种主观情感要是没有其他解释，就是对某种客观现实的揭示。我们当前的目标，就是要确定正义感所对应的现实是否需要这样的特殊揭示，就是要确定一种行为的正义与否究竟是一种本质独特、有别于这种行为其他所有性质的东西，还是仅仅属于其他性质以独特面貌呈现出来的综合体。为了进行这种研究，探讨一下正义感与不正义感本身究竟是像我们对颜色和味道的感官一样自成一类，还是由其他感官结合而成的衍生情感，实际上是很重要的；而且，这一点更有必要去加以探究，因为人们普遍都很愿意承认，正义的种种要求在客观上与公众利益的部分领域是一致的；但是，由于正义这种主观的心理情感并不等同于人们通常对纯粹利益的感受，并且除了在人们对纯粹利益怀有极端感受的情况下，正义感的要求对人们的强制性要大得多，因此人们很难仅仅把正义看作普遍功利的一个特殊种类或分支，因而认为正义那种更强大的约束力需要一种全然不同的来源。

为了阐明这个问题，我们必须努力确定正义或不正义的显著特征是什么，即有哪种性质，或者说是否存在什么性质，非但为一切不正义的行为模式所共有（因为正义与许多其他的道德属性一样，最好的办法就是由其对立面来加以界定），而且还会把它们与那些不被世人认可、却并没有被冠以"不正义"这一特定名称的行为模式区分开来。假如在人们惯于将其描述为正义或不正义的所有事物中始终存在某一种共同的属性或某一系列属性，那么我们就可以判断出，这种特定的属性或属性组合能否凭借我们情感构成的一般法则，在其周围聚集起一种带有某种独特性质且有一定强烈程度的情感，抑或这种情感是否无法解释，需要被视为大自然赐予我们的一种特殊天赋。假如前一种情况是正确的，那我们在解决这个问题的过程中也就解决了主要的问题；假如属于后一种情况，我们就不得不寻求其他的探究方式了。

※※※

　　要想找出各种对象的共同属性，我们首先必须具体地考察一下对象本身。因此，我们不妨依次来谈一谈被普遍或广泛传播的舆论划归为正义或不正义的各种行为模式和人类事务的安排方式。众所周知的是，能够激发出正义或非正义情感的事物具有形形色色、各式各样的特点。我将一笔带过，只是简短地评论一下它们，而不会去细究任何具体的安排。

第一，大多数人认为，剥夺任何一个人的人身自由、财产或其他任何一种合法拥有的东西，都是不正义的。因此，这就是人们在完全确定的意义上应用"正义"与"不正义"两词的一个例子，即尊重任何一个人的法定权利是正义的，而侵犯任何一个人的法定权利则是不正义的。不过，这种看法也允许有几种例外情况，因为"正义"和"不正义"这两个概念还有其他的表现形式。例如，被剥夺法定权利的人有可能（其实）此前已经丧失了被剥夺的那些权利。这种情况，我们很快就会谈到。

第二，一个人被剥夺的法定权利此人有可能原本就不该拥有；换句话说，把这些权利赋予他的法律有可能属于劣法。情况确实如此或人们以为情况如此（对我们的研究目的来说，这是一回事）的时候，对于侵犯法定权利的行为究竟是正义的还是不正义的，人们就会产生意见分歧了。有些人坚持认为，任何一部法律不管有多么糟糕，公民个人都不得去违反；就算要表达反对意见，公民个人的表达方式也只能是努力让立法部门去修改法律。持有这种观点的人，都是以利益理由来为它辩护的（这种观点不但会谴责许多为人类福祉做出了杰出贡献的人，而且常常会保护一些有害的制度，使它们不至于遭到当时形势下唯一有机会成功地与之对抗的武器的攻击）；他们的理由主要在于，维护遵守法律的情感，使之不受侵犯，对人类的共同利益很重要。然而，还有一些人却持完全相反的观点，认为任何一种法律只要被世人判定为劣法，那么，就算人们没有说该法不正义，只是说该法不合理，公民也可以去违反，而不应当受到谴责。尽管有些人会进行限制，说只有不正义的法律才允许公民去违反，但同样有人声称，一切不合理的法律都是不正义的法律，因为每一种法律都对人类的天赋自由强加了某种约束；除非是因为它们可以造福人类而得到了合理化，否则这种约束就是一种不正义之举。虽然这些观点大相径庭，但人们似乎普遍承认，世间可能存在不正义的法律，因此法律并不是正义的终极标准，反而有可能做出正义所谴责的事情，即让一个人得利，却让另一个人受害。然而，如果人们认为一种法律是不正义的，那么，他们的理由似乎往往都与他们认为违法是不正义之举的理由相同，即它侵犯了某个人的权利；由于在这种情况下遭到侵犯的个人权利不可能是法定权利，所以它还获得了一个不同的名称——道德权利。因此我们可以说，不正义的第二种情况，就是剥夺或拒绝给予任何一个人由道德权利而拥有的东西。

第三，人们普遍认为，正义就是每个人都应当得到自己应得的东西（无论是利是害），而一个人获得了他不应得到的利益或被迫遭受了他不应遭受的祸害，则是不正义的。或许，这就是普罗大众心中那种正义观念最清晰和最显著的形式了。由于其中涉及了"应得"的概念，因此出现了一个问题：什么东西才是应得的呢？一般说来，人们都认为一个人行善就应得利，作恶就应得害；而从一种更加具体的意义上来说则是，一个人若是对别人行过善，就应当从别人那里得到善报，若是对别人作过恶，就应当从别人那里得到恶报。人们从来就没有认为"以德报怨"这种规诫是伸张正义的例子，而是把它当成了出于其他考虑而放弃正义诉求的例子。

第四，失信于人是一种公认的不正义，比如违反约定（不论是明确表达的约定，还是含蓄暗示的约定），或辜负了我们自己的行为给别人带来的期望——至少是在我们明知并且主动让别人产生那些期望的情况下。就像我们已经提及的其他正义义务一样，人们也认为守信这种义务不是绝对的，而是能够被另一方更加强大的正义义务否决，或被对方当事人的某种行为否决，只要人们认为那种行为免除了我们对他所负的义务，并且使之丧失了他原本被引导去期望获得的利益就行了。

第五，人们普遍承认，有失公允——即在不适合偏袒或偏爱的事情上偏袒或偏爱一个人，而不顾及另一个人——并非正义之举。然而，人们似乎认为不偏不倚、为人公正本身不是一种义务，而是有助于履行某种其他义务的手段；因为大家都承认，偏袒和偏爱并非总是应该受到谴责的，事实上它们受到谴责的场合与其说是普遍现象，还不如说是例外情况。在自己能够做到而不用去违反其他任何义务的情况下，一个人如果像对待陌生人一样，不给自己的家人或者朋友任何优先的照顾，他就更有可能遭到指责，而不是受到称颂；没有谁会认为，优先选择一个人而非另一个人做自己的朋友、主顾或同伴是一件不正义的事情。在涉及权利的问题上，我们无疑有义务做到公平公正，但它已经包含在"赋予每一个人应得的权利"这种更加普遍的义务当中了。例如，法庭必须做到不偏不倚，因为法庭有义务在不考虑其他因素的情况下，把争议之物判给当事双方中有权拥有它的那一方。在其他一些场合下，公正的意思则是指只能受到"应得"的影响，比如那些担任法官、导师或家长的人在实施奖惩时就该如此。同样，还有一些场合中，公正意味着只应考虑公众的利益，比如在候选人当中选拔某人担任政府公职的时候。简而言之，公正是一种正义义务，可以说它的意思就是只考虑我们认为必然会对当前具体情况产生影响的因素，而不为其他任何动机所影响，以免出现与这些因素的要求不符的行为。

与公正观念差不多紧密相关的，就是平等观念了；平等不但常常属于正义概念及其实践中的一个组成部分，而且在许多人看来，它还构成了正义的本质。但在这个方面，正义的概念却因人而异，往往随着他们的功利概念而变化，并且比其他任何一种情况更加多变。除非是在人们认为利益需要不平等的时候，否则每个人都会认为，平等是正义提出的要求。支持权利本身存在的那些极不平等现象的人，也会维护"平等地保护所有人的权利"这种正义。就算是在实行奴隶制度的国家里，人们理论上也会承认奴隶所谓的权利应当与其主人的权利一样神圣，认为法庭要是没有同样严格地强制保障这些权利，便是有失正义；但与此同时，人们却不觉得造成奴隶几乎没有可行使的权利的种种制度本身是不正义的，因为他们认为那些制度并非不合理的制度。认为功利标准需要有地位差距的人，不会认为财富和社会特权的不平等分配是不正义之举；而认为这种不平等分配不合理的人，也会认为它是不正义的。凡是认为政府必不可少的人，都不会认为赋予地方官员而没有赋予其他民众的权力所导致的不平等现象当中有什么不正义的地方。即便是在那些信奉平等主义学说的人当中，关于正义的问题也与他们对利益问题的意见分歧一样多。一些共产主义者认为，除非是按照完全平等的原则，否则的话，根据其他任何一种原则来分配社会劳动成果都是不正义的；其他一些共产主义者认为，按需分配才算公平正义，即需求最大者的所得也应最多；还有一些共产主义者则认为，那些工作更加努力、生产了更多产品或对社会的服务更有价值的人，可以正当地要求在生产成果的分配中获得更大的份额。而且，上述观点中的每一种，似乎都可以合理地诉诸于自然的正义感。

"正义"一词用法众多，人们却认为它没有歧义，但要从中抓住那个把它的众多用法关联起来，且"正义"一词秉承着的道德情感在本质上所依赖的心理环节，却是一件比较困难的事情。

在这种窘境下，我们或许可以根据词源学展现的那样，从这个词的历史演变中获得一定的帮助。

在大多数语言中（就算不是在所有的语言中），与"正义"相对应的词，词源学都表明它们的起源要么是与"实证法"（positive law）有关，要么就是与大多数情况下属于法权习俗的原始形态有关。拉丁语中的"正义"（justum）一词，是 jussum 的一种变化形态，指已经下令去做的事情。"法律"（jus）一词的起源与此相同。古希腊语中的"正义"（dichanou）一词源于 dichae，后者主要指法律诉讼，至少在希腊的某一历史时期曾经如此。的确，这个词起初仅仅是指做事的模式或方式，但它很早就开始指"规定的"方式，也就是公认的权威机构（比如宗法、司法或政治当局）会强制执行的方式。"正确"（right）和"正义"（righteous）二词都源于德语中的 recht 一词，后者与"法律"同义。事实上，recht 一词最初并不是指法律，而是指身躯笔直挺拔；"错误"（wrong）一词以及它在拉丁语里的对应单词，则是扭曲或曲折。由此，有人认为"正确"一词的本义并不是"法律"，而是恰好相反，"法律"一词的本义是"正确"。无论是哪种情况，虽然法律没有规定的许多方面对道德上的正直或公正来说同样很有必要，但 recht 与 droit（权利）二词的意思都开始局限于实证法了；这一事实对道德观念的原始特征来说极其重要，就算词源方向相反，也是如此。正义所在的庭院和正义的执行，就是法庭和法律的执行。在法语中，La justice 则是"司法"的既定术语。我认为，构成"正义"概念的原始观念（idée mère）即原始要素，无疑就是遵守法律。它曾经构成了希伯来人的全部思想，直到基督教诞生；我们可以料想到，如果一个民族制定的法律试图涵盖所有需要规范的主题，并且相信那些律法都是上帝的直接旨意，这个民族的情况就会如此。但其他一些民族（尤其是希腊人和罗马人）却知道他们的律法原本就是由凡人制定的，往后还会继续由凡人去制定，所以他们并不害怕承认立法者既有可能制定出不良的法律，也有可能出于相同的动机依法干出一些事情，而个人若是未经法律许可就去做的话，同样的事情就会被人们称为不正义之举了。所以，并不是所有的违法行为都会激发不正义的情感，而是只有违反理当存在的法律（包括理当存在但实际上却并不存在的法律）的行为，以及那些被人们视为有悖于应有律法的法律本身，才会激发出不正义的情感。这样一来，就算人们不再承认实际执行的律法是正义的标准，法律和法律禁令的理念也仍在"正义"这一概念中占据着支配地位。

的确，人类会认为正义观念和它规定的义务适用于许多既不受法律规范、人们也不希望它们受到法律约束的事情。没有哪一个人，会希望法律事无巨细地干涉个人生活；但人人都会承认，一个人所有的日常行为即可以体现出（事实上也的确体现出）他究竟是个正义之士还是个不义之人。不过，即便是在这个方面，违反应有法律的观念也仍会以一种改头换面的形式存在着。被我们视为不正义的行为受到惩处，这一点总是会让我们感到高兴，让我们觉得理应如此，尽管我们并不是始终认为由法庭来实施这种惩罚是有利的。假如放弃那种快乐，我们就是为了避免伴随着惩罚而来的种种不便。要不是因为我们有所担心而不敢把无限地凌驾于个人之上的大量权力交到地方法官手中，就算看到哪怕再微小的正义行为得以强制实施、哪怕再细小的不正义之举能被遏制，我们都会觉得高兴。认为一个人出于正义而有义务去做一件事情的时候，我们一般会说，应当强制他去做这件事情。看到任何一个拥有权力的人来强制执行这种义务，我们就会备感欣慰。假如看到依法强制执行这种义务并不合适，我们就会抱怨法律的无能为力，就会认为让不义之举不受到惩罚是一种罪恶，就会努力去弥补，不但自己会对违反者痛加斥责，还会鼓动公众来对违反者强加鞭挞。因此，如今法律约束的理念仍然由正义概念衍生而来，尽管由于它存在于一种先进社会的状态下，所以在正义概念变得完备之前，这种理念经历了数次转化。

我认为，就其本身而言，上文如实说明了正义观念的起源与逐步发展的情况。但我们必须看到，迄今为止，上文还没有指出正义义务与一般的道德义务之间有哪些区别。因为事实是，构成法律本质的刑罚理念非但被归于"不正义"这一概念当中，也被归于任何一种"不道德"的概念中。除非我们的意思是说，一个人因为做了某事而应当受到某种惩罚，就算不能用法律来惩罚，也应当受到来自同胞的舆论谴责，就算不会受到舆论的抨击，也应当受到自身良知的谴责，否则的话，我们就不会说某件事情是不道德的。这一点，似乎就是区分道德与纯粹利益之间的真正关键所在。我们可以正当地强迫一个人去履行义务，这是任一形式的"义务"概念中的组成部分。义务是一种可以向一个人强行索取的东西，就像人们索要债务那样。除非我们认为可以向一个人强行索取，否则我们就不会称它是这个人的义务。**审慎的理由或他人的利益，可能会阻碍我们在事实上去强制此人履行这种义务；但大家都很清楚，当事人本身是无权抱怨这种强制履行的。相反，还有一些事情我们虽然希望人们去做，并且会因为他们做了而喜欢或钦佩他们，或许还会因为他们没有做而厌恶或瞧不起他们，可我们依然会承认，他们没有义务去做那些事情；这不是一个道德义务的问题，我们不会去谴责他们，也就是说，我们认为他们不应该为没有做那些事情而受到惩罚。**我们究竟是如何形成这些关于应受惩罚与不应受惩罚的观念的，或许会在下文中体现出来；但我认为，这种区别构成了是非观念的基础。我们称任何一种行为不道德，或用其他一些表示厌恶或者贬损的词语来代替，依据的就是我们认为行为人究竟应不应该由于那种行为而受到惩罚；而我们要是说这样做正确，或者仅仅说这样做可取或值得称赞，依据的则是我们希望看到当事人被强制或仅仅是被说服和受到鼓励去照那种方式行事[1]。

因此，这一点就是将一般道德（而不是正义）与利益及"值得"（Worthiness）的其他范畴划分开来的典型区别；而将正义与道德的其他分支区分开来的特征，仍然有待我们去发现。如今众所周知的是，伦理著作家将道德义务分成了两大类，却用了两个并不恰当的表达，分别称之为完全强制性的义务和不完全强制性的义务；后者是指行为虽然具有强制义务性，但履行的具体场合却由我们自己去选择，比如赈济或慈善行为的情况，虽然我们确实有义务去践行，但既不是非得要针对任何一个特定的人，也不是非得要在任何规定的时间去行善。用法律哲学专家的话更准确地表述，完全强制性的义务就是那些可以让某个人或某些人借此获得一种相关权利的义务，而不完全强制性的义务则是指那些不会导致任何权利出现的道德义务。我认为，大家都会发现，这种区别与正义和其他道德义务之间存在的差异完全一致。我们在考察正义的各种流行的通用意义时发现，这个术语似乎通常都包含了个人权利的观念——即一个或多个人的权利，就像法律授予

1　培因教授撰有两部详尽而深入地论述心灵的专著，其中第二部里有一章写得极其出色（题为《伦理情感或道德感》），强调和阐释了这一点。——作者注［培因教授即亚历山大·培因（Alexander Bain, 1818—1903），苏格兰心理学家、哲学家，著有《性格研究》《心理学与伦理学纲要》等作品，并且创办过《心灵》杂志。］

财产所有权或其他法定权利时同时赋予的那些权利。无论不正义是指剥夺一个人的财产、失信于人、给一个人的待遇比他应得的待遇糟糕，还是待遇不如其他没有更大权利的人，这一假设在任何情况下都意味着两个方面，即做出了错事和某个可以确定的受了冤屈的人。不正义也可以通过善待一个人胜于其他人来体现；但在这种情况下，受冤屈的就是前者的竞争对手，而这些竞争对手也是可以确定的人。在我看来，上述情况下的这种特征——即某个人拥有一种与道德义务相关的权利——就构成了正义与慷慨或善行之间的特定区别。**正义不仅是指做某事符合道德、不做某事则是不道德的，还意味着某一个人能够要求我们将某种东西当成他的道德权利。**没人能以道德权利来要求我们慷慨或行善，因为我们在道德上对任何一个人都不负有践行上述美德的义务。大家还会发现，这种定义就像其他所有正确的定义一样，看似与定义相矛盾的例子其实正是最能证明其存在的。因为假如一位道德伦理学家试图像有些人所做的那样，认为尽管不是任何特定的个人都是如此，但全人类却有权获得我们能够给予他们的一切帮助，那么，他的那种论点就把慷慨与仁慈一起纳入了正义的范畴。他不得不声称，我们负有为同胞做出最大努力的义务，从而将我们的努力与债务等同了起来，或者说只有这样做，才足以回报社会为我们所做的一切，从而将这种情况归类成了一种感恩；而还债和感恩，正是两种公认的正义之举。无论什么情况，只要存在权利，这就属于正义方面的问题，而不属于行善这种美德方面的问题；无论是谁，只要没有像我们现在这样将正义与一般道德区分开来，人们就会发现他根本没有把二者区分开来，而是把一切道德都混入了正义当中。

如此努力地确定了构成正义观念的一些独特要素之后，我们就做好了准备，可以着手探讨这样一个问题了：伴随着正义观念而来的情感，究竟是通过大自然的特殊安排才依附于正义观念之上，还是凭借任何已知的法则，从正义观念本身发展起来的呢？尤其是，这种情感是否有可能源于对公众利益的考量？

我认为，这种情感本身并不是产生于人们通常或正确地称之为利益观念的任何东西；不过，尽管情感并非如此，但包含在这种情感当中的一切道德却源自利益观念。

我们已经看到，正义情感含有两大基本要素，即惩罚侵害者的愿望，以及知道或相信有确定的个人或某些确定的个人受到了侵害。

注意，在我看来，对伤害某一个人的人进行惩罚的愿望是两种情感的自发性产物，即自卫冲动和同情心；这两种情感都极其自然，它们要么属于本能，要么就是类似于本能。

假如有人已经或试图伤害我们自己或我们同情的人，那么对这种伤害感到愤慨、进行反击或报复，就是一件很自然的事情。在此，我们没有必要去讨论这种情感的起源。我们知道，无论它是一种本能还是思维能力的产物，它都属于所有动物共有的本性，因为对任何动物来说，如果别的动物已经伤害了它或它的幼崽，如果它认为别的动物即将伤害它或它的幼崽，它都会尽力去反击。在这一点上，人类其实只有两个独特之处与其他动物不同。首先，人类不仅能够对自己的后代心怀同情，或像某些较为高等的动物一样，不仅能够与善待它们的某种高级动物产生共鸣，而且能够对全人类甚至对一切有情众生心怀悲悯。其次，人类拥有较为发达的智力，使得他们的情感整体范围更加广泛；无论是利己情感还是共情，都是如此。就算不考虑人类的同情心范围更广这一点，一个人仅凭卓越的智力就能理解自己与他所属的人类社会之间结成了一个利益共同体，以至于任何威胁到整个社会安全的行为也对他自身的安全构成了威胁，因而会唤起他的自卫本能（假如自卫属于一种本能的话）。这种卓越的智力加上对全人类心怀同情的能力，就让他能够对自己所在的部落、国家或所有人类怀有一种集体观念，以至于任何危及后者的行为都会激发他的同情本能，并且促使他反抗。

我认为，既然正义情感中的要素之一是惩罚侵害者的愿望，那么正义情感就是一种自然的反击或报复情感，由智力与适用于伤害的同情心所赋予，也就是可用于那些经由整个社会对我们造成的、或让我们与整个社会共同遭受伤害的怜悯之心。就其本身而言，这种情感之中并不含有什么道德成分；道德的意义在于，它应当完全服从于社会的同情之心，以便等待并且听从社会同情心的召唤。由于这种自然感受往往会让我们不分青红皂白，对任何人所做的让我们觉得不愉快的任何事情都感到愤慨；不过，被社会情感道德化之后，这种自然情感就只会在符合公众利益的方面发挥作用了。损害社会的行为，尽管对于他们自己来说不是一种伤害，正义之士也会为此感到愤慨；而对损害他们自己的行为，除非它是整个社会与他们一起加以压制会带来共同利益的行为，否则的话，无论这种行为让他们觉得多么痛苦，他们都不会感到愤怒。

要说我们觉得自己的正义情感被触怒的时候，我们想到的并不是整个社会或任何一种集体利益，而仅仅是具体的个案，那么这种说法并不是在反对功利学说。仅仅因为我们遭受了痛苦就感到愤慨，无疑是一种极其常见的现象，尽管这种现象并不值得称道；不过，假如一个人的愤慨确实是一种道德情感，也就是说，他会考虑一种行为是否应当受到谴责，然后才会让自己对这种行为感到愤慨——那么，这种人尽管有可能不会明确告诉自己，他是在挺身维护社会的利益，但他无疑会觉得自己是在维护一种既有益于他人也有益于自己的准则。如果他没有感受到这一点——如果他考虑的仅仅是那种行为对他个人的影响——那么，他就不是一个自觉的正义之人，就并不关心自己的行为是否具有正义性。连反对功利主义的伦理学家也承认这一点。如前文所述，当康德提出"当如此行事，令尔举所据之准则，可为所有理性者奉为圭臬"，把它当成道德的基本原则时，他实际上是承认了这一点：行为人根据良知来判断行为的道德性时，心中考虑的必定是人类的集体利益，起码也是不加选择的人类利益。否则，康德所说的话就毫无意义了，因为我们甚至不能貌似合理地断言，哪怕是一条纯粹利己的准则，也不可能被所有的理性之人采纳——即事物的本质中有什么不可逾越的障碍，导致人们不可能去加以采纳。如果要为康德提出的道德原则赋予什么意义的话，能够赋予的意义必然就是——我们应当根据一条准则来塑造自己的行为，而所有的理性之人也许会为了他们的集体利益采纳这条准则。

概括一下，正义观念提出了两个要素，即一种行为准则和一种赞同这条准则的情感。前者应该是全人类所共有的一种准则，并且旨在维护全人类的利益。后者（即情感）则是一种愿望，即可以让那些违反准则的人受到惩罚。此外，其中还含有某个确定的人因违规行为而受到侵害的观念；（用适合这种情况的措辞来说，就是）这个人的权利因违规行为而受到了侵犯。在我看来，正义情感就是对一个人自己遭受的伤害或损害进行反击或报复的动物性欲望，或对他的同情对象遭受的伤害或损害进行反击或报复的动物性欲望；由于人类具有扩大同情之心的能力，由于人类怀有聪明的利己观念，所以这种同情对象还会大幅扩展，将所有的人都包括在内了。正义情感的道德性，就源自后面这些组成要素；而其独特的感染力和自我肯定的活力，则源自前一个要素。

一直以来，我都没有把受损害者拥有一种权利、损害行为却侵犯了这种权利的观念看成是构成正义观念和正义情感的单独要素，而是把这种观念视为其他两个要素为自己赋予的形式之一。这两个要素，一是对某个或某些可以确定的人造成了伤害，一是对伤害行为进行惩罚的要求。我认为，探究一下我们内心的思想就会表明，当我们说一种权利受到侵犯时，上述两个方面其实囊括了我们所指的一切。把任何东西称为一个人的权利时，我们的意思就是：此人拥有正当的权利，可以要求社会凭借法律的力量或教育和舆论的力量来保护他拥有那种东西。假如他拥有我们觉得充足的理由（无论是什么理由），可以要求社会确保他拥有某种东西，那么，我们就说此人有权得到那种东西。假如想要证明他无权拥有某种东西，我们就会认为，只要人们承认社会不应采取措施去确保此人拥有那种东西，而是应该听天由命或任由他靠自己的努力去获得，就足够了。因此，我们才会说一个人有权获得他在公平的职业竞争中能够挣到的一切，因为社会不应允许其他任何一个人横加阻碍，不让此人努力用这种方式挣到尽可能多的收入。不过，尽管一个人有可能碰巧挣到了 300 英镑，他却没有权利说自己每年必须挣 300 英镑，因为社会没有义务去保障此人挣那么多的钱。相反，假如此人拥有 1 万英镑的公债，利率为3%，那他就有权每年获得 300 英镑，因为社会有义务为他提供那么多的收入。

　　因此我认为，拥有一种权利，就是指拥有社会应当捍卫我所拥有的某种东西。如果持反对意见的人接着问为什么社会应该如此，那么，我能给出的理由就只有普遍功利了。假如普遍功利这种表达似乎既没有充分让人感受到这种义务的力量，也没有说明这种感受的独特活力，那是因为这种情感的构成中不仅含有理性的要素，也含有动物性的要素，即报复欲；而这种欲望的强烈程度及其道德合理性，全都源自所涉及的那种极其重要、极其引人注目的功利思想。其中所涉的利益就是安全利益，对每个人的情感而言，安全都是所有利益中最为重要的一种。几乎世间的其他一切利益，都是一个人需要而另一个人不需要；必要的时候人们还有可能欣然放弃其中的许多利益，或用其他利益取而代之。但是，没有哪个人能够在不安全的情况下生存；我们免遭祸害以及长久获得一切善的整体价值的能力，全都有赖于安全，因为我们如果随时都有可能被任何一个暂时比我们强大的人夺走一切，那么除了当下的满足感，就没有什么东西对我们有任何价值了。然而，除非让提供安全的机制始终不断地发挥积极作用，否则的话，我们就不可能获得这种除了身体营养之外最不可或缺的必需之物。因此，我们会要求同胞携手合作，共同让我们的生存基础变得安全；这种观念所凝聚的情感，要比任何一种更加常见的功利情形所涉的情感更加强烈，以至于二者在程度上的差异（就像心理学中经常出现的情况一样）变成了一种真正的本质差异。这种要求具有绝对性的特征和明显的无限性，与其他一切考量因素之间还具有不可比性；这些方面，就构成了是非感与普通的利害关系之间的区别。由于相关的情感极其强烈，而我们又极其明确地指望着在别人身上发现一种积极响应的情感（即大家同样感兴趣），因此"理当"（ought）与"应该"（should）就逐渐变成了"必须"（must），而公认的不可或缺性也变成了一种道德必要性，它不仅类似于生理需求，其约束力常常也不亚于生理需求。

　　假如前述分析或与之类似的论述没有正确地阐释清楚"正义"这个概念，假如正义完全独立于功利，其本身就是一种标准，心灵凭借简单的内省就能够辨别出来，那么我们就很难理解，那种内心的启示为何会如此模棱两可，而许多东西又为何会因为人们看待的角度不同而显得正义或者不正义了。如今我们不断地听到有人说，功利是一种不确定的标准，每个不同的人对它的理解也不一样，说只有在正义所包含的那些永恒不变、不可磨灭和确定无疑的要求中才有安全可言，因为它们不证自明，并且不受舆论变化的影响。由此，一个人会得出推论，人们对正义方面的问题是不可能产生争议的；假如我们把正义当成准则，那么将这条准则应用于任何情况都会像数学证明一样，让我们觉得毫无疑问。可事实根本就不是这样，因为对于"什么是正义"这个问题，人们就像对"什么是有益于社会的"这一问题一样，存在着众多的意见分歧，争论得同样激烈。非但不同的民族和个人持有不同的正义观念，在同一个人的心中，正义也不只是指某一条规则、原理或准则，而是由众多的规则、原理或准则组成；它们提出的要求并非始终保持着一致，而一个人在它们之间取舍时，不是会受到某种外部标准的引导，就是会受到自身偏好的引导。

例如，有些人声称，为了杀鸡儆猴而去惩罚一个人是不正义之举，只有意在维护受惩罚者自身利益的惩罚，才是正义的。还有一些人则持截然相反的观点，认为出于维护那些已经达到自主年龄的人的自身利益而去惩罚他们，是一种专制和不正义之举，因为争议的焦点如果仅仅在于他们的自身利益，那就没人有权来控制他们自己对这个问题做出决断；不过，我们可以为了防止他们对别人作恶而正当地对他们实施惩罚，因为这样做是在行使我们合法的自卫权利。然而，欧文先生[1]宣称，惩罚从根本上来说是不正义的，因为罪犯的性格并非由自己造成，而是所受的教育、身处的环境让他变成了一个罪犯，可罪犯不应当对这些方面承担责任。他们的观点，全都极有道理；只要是把这个问题纯粹当作正义问题来争论，不去深究构成正义的基础并且属于正义

1　欧文先生指罗伯特·欧文（Robert Owen，1771—1858），19世纪英国著名的空想社会主义者、企业家、慈善家，被誉为"现代人事管理之父"和人本管理的先驱，也是历史上第一位创立学前教育机构（托儿所、幼儿园）的教育理论家和实践者。

的权威来源的那些原则，我就不知道怎样才能去驳斥这些推理者中的任何一个人了。因为事实上，这三种观点全都建立在世人公认为正确的正义准则之上。第一种观点诉诸的是一种公认的不正义之举，那就是为了他人的利益而挑出一个人来，未经他的同意就把他当成牺牲品。第二种观点依据的是世人公认的"自卫"这种正义，以及强迫一个人去遵从另一个人的自我利益观念这种公认的不正义。欧文的观点则援引了一条公认的原则，即因为任何一个人无能为力的事情而去惩罚他，是不正义的。只要不是被迫去考虑除他自己选择的那一条以外的其他正义准则，持有这些观点的每一个人都会在辩论中获胜；不过，一旦将他们所依据的那几条准则面对面地摆出来，每个争论者似乎就会完全像其他人一样，有诸多的理由替自己辩解了。他们当中，谁也无法做到在不践踏另一种同样具有约束力的正义观念的前提下去践行自己的正义观念。这些都是难题，人们也始终认为它们就是难题；他们想了许多办法来转移而不是解决这些难题。为了逃避这三大难题中的最后一个，人们设想出了所谓的意志自由（The Freedom of The Will）；他们认为，对于一个意志处在一种全然可恨状态中的人，除非人们认为那种状态不是先天的环境影响导致的，否则的话，他们就没有正当的理由去惩罚此人。为了逃避其他两大难题，人们最喜欢的一种计谋就是杜撰出一种契约，认为所有社会成员在某个未知的历史时期都曾根据这种契约做出了遵守法律的承诺，并且一致同意对任何违法行为进行惩处，从而赋予立法者基于社会成员的自身利益或基于整个社会利益的考量而对社会成员进行惩罚的权力；他们认为，如果不是出于上述目的，立法者就不会获得这种权力。人们认为，这个令人满意的主意可以解决掉全部困难，可以凭借另一条公认的正义准则即"同意不生违法"（Volenti Non Fit Injuria），将惩罚的实施合法化；"同意不生违法"的意思就是，得到了受伤害者同意而实施的伤害行为不是不正义之举。我几乎用不着指出，就算所谓的一致同意不是纯粹杜撰出来的，这条正义准则也并不比人们用它来取代的其他准则更具权威性。相反，它是一个很有启发意义的范例，说明人们信奉的正义原则是以一种并不严谨和不合常规的方式逐渐形成的。"同意不生违法"这条特定的准则开始使用的时候，显然是为了帮助法庭裁决一些无需细究的紧急问题；法庭有时不得不安于一些极其没有把握的推定，因为若是试图不留余地地细究的话，法庭做出的裁决常常会导致更大的祸害。但是，连法庭也无法始终坚持这条准则，因为法庭允许以欺诈为理由——有时还允许以纯粹的过失或误传为理由——而不去考虑主动做出的承诺。

再说，实施惩罚的合法性获得了公认之后，我们在讨论罪刑合理分配问题的过程中，又会暴露出多少相互矛盾的正义概念啊。在这个问题上，最能强烈地激发出原始而自发的正义情感的准则，莫过于"同态报复法则"（Lex Talionis），即以眼还眼、以牙还牙了。虽然犹太人与伊斯兰教律法中的这条原则作为一条实用准则在欧洲已经被普遍摒弃，但我认为，大多数人的心中仍然对它怀有一种秘密的渴望；当惩罚碰巧以上述方式完全落到罪犯身上时，人们就会普遍感到满意，从而证明他们怀有一种极其自然的情感，觉得用相同的方法进行报复是可以被接受的。对许多人而言，检验刑罚是否正义的标准就是惩罚应当与罪行相称，即他们应当根据罪犯的道德罪责来精确地衡量惩罚的轻重（无论他们衡量道德罪责的标准是什么）。在他们看来，需要多大的惩罚才能阻止犯罪，这种考虑与正义问题无关，可对其他一些人来说，这种考虑却属于头等大事；后者认为，至少对人类来说，无论一个同胞可能犯有何种罪行，对他实施的惩罚如果超过了足以防止他再犯和防止别人模仿其不端行为的最低程度，就是不正义的了。

　　不妨从我们已经提到过的一个主题中再举一例。在一个协作性的行业组织中，让有才能或技术的人有权获得更多报酬的做法是否正义呢？持否定观点的人认为，不论是谁，只要尽其所能，就应获得同等的善待；而且从正义的角度来看，只要他本人没有过错，我们就不应将他置于低人一等的地位。能力卓越者获得的利益已经绰绰有余，表现在博得人们的钦佩、发挥个人的影响力和获得内在的满足感等方面，根本无需再去多给他们更大的世俗利益份额；出于正义的考量，社会必须为这种不当的利益不平等，对弱者做出补偿，而不能去加剧这种不平等。持肯定态度的人则主张，效率较高的劳动者对社会的贡献也较大；既然这种人的工作更有益，社会就理应给他更多的回报。这种人在共同成果中获得的较大份额，实际上是他的劳动成果，因而不允许他获得自己的劳动成果就是一种抢劫；假如他获得的报酬只与别人一样多，那么社会就只能正当地要求他生产出与别人一样多的产品，并且付出与他较高的效率相称的时间和努力程度。这两种观点依据的是相互矛盾的正义原则，谁又该在它们之间做出取舍呢？在这种情况下，正义具有不可调和的两面论，争论的双方则选择了对立；一方着眼于个人应当获得什么才是公正，另一方关注的是社会应当给予什么才算正义。从双方自身的观点来看，他们都是无法辩驳的；以正义为理由选择任何一方，必然都是绝对的武断之举。只有社会功利，才能有助于在它们之间做出取舍。

另一方面，我们在讨论税赋的分派问题时提到的正义标准也极其众多，且相互之间完全不可调和。其中的一种观点是，向国家缴纳的税收在数量上应当与纳税者的货币资产成正比。还有一些人认为，正义要求实行与其相称的分级课税制度，即向那些拥有更多余钱的人征取更高比例的税赋。从自然正义的角度来看，我们可能有充分的理由完全不考虑资产，而从每个人身上征取相同的绝对税额（只要征收得到），就像食堂用餐者或俱乐部会员一样，他们全都要为相同的权利支付相应的钱款，而不管他们是否同样负担得起。既然（可以说）法律和政府提供的保护是针对所有人的，而所有人也同等地需要这种保护，那么让所有的人为这种保护支付相同的税款，就没有什么不正义之处了。人们都认为，商人以相同的价格向所有顾客出售同一件商品，而不是根据顾客的支付能力以不同的价格出售，这种做法属于公平正义之举，而不是非正义行为。若是把这种理论应用到税收方面却没有人支持，因为它会与人们的人道情怀和对社会利益的认知产生强烈的冲突；不过，它所援引的正义原则却与那些可以用来反对这种理论的正义原则一样正确、一样具有约束力。因此，它会对人们在评估税赋的其他模式时采用的辩护原则产生不言而喻的影响。人们觉得必须主张，国家为富人提供的服务应当多于为穷人提供的服务，以此作为富人应多纳税赋的正当理由。不过，这种观点其实并不正确，因为在没有法律或政府的情况下，与穷人相比，富人保护自己的能力要大得多，事实上还很有可能成功地把穷人变成他们的奴隶。此外，还有一些人恪守着相同的正义原则，因此主张所有的人都应当为自己的人身保护缴纳相等的人头税（因为人身保护对所有人具有相等的价值），但应缴纳不等的财产保护税（因为各人拥有的财产并不相等）。对于这种主张，还有一些人则回应说，一个人的全部财产与另一个人的全部财产相比，对他们本人的价值都是相同的。除了运用功利主义准则，我们没有别的办法从这些混乱中解脱出来。

那么，正义与利益之间的区别是否仅仅属于想象中的一种差异呢？人类是否一直怀有一种错觉，认为正义是一种比政策更神圣的东西，只有在满足了正义的要求之后，我们才应当去听从政策的要求呢？绝非如此。我们对情感的性质与起源所进行的论述，承认二者之间存在一种真正的区别；连那些极端地不屑于把行为后果当成行为人道德品性中一个组成要素的人，也不会比我更加重视这种区别。尽管任何一种理论如果不以功利准则为基础就确立一种假想的正义标准，我都会对它的主张提出质疑，但我认为，建立在功利基础之上的正义不但是所有道德的主要组成部分，而且无与伦比，是其中最神圣和最具约束力的组成部分。正义其实是某些类别的道德准则的统称，与其他任何一种生活指导准则相比，它们更密切地关注构成人类福祉的基本要素，因此也具有更加绝对的义务性；而我们发现属于正义观念本质的那种概念，即个人权利的概念，必然蕴含和证明了这种更具约束力的义务。

与其他任何准则相比，禁止人类相互伤害的道德准则（我们绝对不应忘记，其中还包括了禁止对彼此自由的非法干涉）都要更加攸关人类的福祉；其他准则无论多么重要，都仅仅是指出了管理人类事务中某个方面的最佳方式罢了。禁止人类相互伤害的道德准则还有一个特点，即它们是决定人类全部社会情感的主要因素。唯有遵守这些准则，人类才能保持和平相处；如果遵从这些准则不是一种常态，违反它们也不属于例外，那么人人都会把别人视为可能的敌人，必须时时刻刻加以提防了。同样重要的是，它们都是人类具有最强烈和最直接的动机去让彼此将它们牢记于心的道德准则。仅凭彼此之间的循循善诱或谆谆告诫，人们有可能一无所得或自觉一无所得；对于向彼此灌输积极行善的义务这一点，他们无疑都很关注，但关注的程度却要低得多：一个人有可能并不需要从别人那里获得好处，却始终需要别人不来伤害他。因此，保护每一个人免遭他人伤害——无论是直接受到伤害还是追求自身利益的自由遭到妨碍——的道德，既是一个人本身最应铭记于心的道德，也是一个人最有兴趣通过言语和行动来加以宣传和让他人接受的道德。检验和判断一个人是否适合作为人类一员生存于世的标准，就在于他是否遵从这些道德准则，因为一个人会不会让他所接触的人感到厌憎，就取决于他是否遵守这些道德准则。然而构成正义义务的，主要就是这些道德准则。最明显的不正义之举，以及将这种情感中典型的厌恶感激发出来的行为，就是无端攻击他人，或对某个人滥用权力，然后则是非法霸占别人应得的东西；无论是以直接伤害的形式，还是通过剥夺别人有正当理由来指望获得的某种物质福利或社会福利，这两种情况都会对别人造成确实的损害。

促使人们去遵守这些基本道德的强大动机，同样要求人们去惩罚那些违反基本道德的人；由于自卫、捍卫他人和报复等冲动都是针对这种违反者而激发出来的，所以报应或以恶治恶便开始与正义情感紧密联系起来，并且被世人普遍纳入了正义观念当中。以德报德也是正义提出的要求之一，这一点尽管具有明显的社会功利性，尽管带有一种自然的人类情感，但乍看上去，却与伤害或损害没有什么明显的关联；这种关联存在于最基本的正义与不正义的情况下，就是正义情感之所以带有独特的强烈程度的源头。但是，这种关联虽然不那么明显，却同样真实。**一个人如果接受了好处，到了需要的时候却拒绝回报，就会辜负一种最自然和最合理的期望，给他人造成真正的伤害；起码来说，此人一定曾经心照不宣地鼓励他人产生这种期望，否则的话，别人就不会为他提供那些好处。辜负期望是一种严重的恶行和不道德之举，其严重性体现在这样一个事实当中：它是导致两种极不道德的行为，即背叛友谊和不守承诺的罪魁祸首。**人类能够承受的最大损害或伤害，莫过于他们习惯上满怀信心地依赖的东西在需要之时却辜负了他们的期望；几乎没有多少不义之举，会比这种纯粹的拒绝报德更加严重；也没有哪种不义之举，会在受到伤害的人或心怀同情的旁观者内心激起更大的愤慨。因此，让人人各得其所即以德报德、以怨报怨的原则就不仅包含在我们已经界定的正义观念之中，还是那种强烈情感的真正目标；在人类看来，那种情感会把正义摆在纯粹的利益之上。

世界上现行的和人们在交流中通常诉诸的大多数正义准则，都仅仅是有助于实现我们此时谈及的这些正义原则而已。比如，一个人只应对他主动所做的事情或原本可以主动避免的事情负责，没有听取辩护意见就宣判一个人有罪是不正义之举，以及惩罚应当与罪行相称等，这些道德准则的目的，全都在于防止"以怨报怨"这条正义原则在没有正当理由的情况下遭到歪曲，而变成作恶的手段。这些常见的准则，大多是在法庭的实践中开始得到运用的，因为与其他方面相比，为了让法庭能够履行其双重职能——实施适当的惩罚和赋予每个人应有的权利——法庭实践自然已经让人们对法庭所需的准则有了更加全面的认识，并且进行了更加详尽的阐述。

司法的首要美德就是公正，它之所以属于一种正义义务，部分就在于上文提到的那种原因，即公正是履行其他正义义务的必要条件。但是，这一点并不是平等与公正两大原则在人类的众多义务中拥有崇高地位的唯一原因；**在普罗大众和最开明的人士看来，平等与公正都包括在正义准则的范畴之内。从某种角度来看，它们可以被视为从那些已经确立的原则所得的推论。假如根据每个人的应得去对待他们，以德报德、以恶治恶，是一种义务，那么我们必然就会得出结论——（在没有更高义务禁止的情况下）我们应当平等地善待所有值得我们平等善待的人，社会则应当平等地善待所有值得社会平等善待的人，也即平等地善待那些值得绝对平等地获得善待的人。这就是社会正义与分配正义最高的抽象标准；一切制度和一切道德高尚的公民所做的努力，都应当尽最大可能地向这个标准靠拢。**不过，这种伟大的道德义务建立在一种更加深刻的基础之上，是道德第一原则的直接产物，而不仅仅是从次要或衍生理论所得的逻辑推论。它包含在功利学说或最大幸福原则的本义之中。除非我们认为一个人在某种程度上平等的幸福（可以适当有种类上的不同）与另一个人的幸福具有完全相同的价值，否则的话，最大幸福原则就仅仅是一句没有理性意义的话语。满足了上述条件之后，边沁的名言"人人都只应算作一个，没人可算一个以上"就可以作为一条说明功利原则的注释了[1]。在道德伦理学家和立法者看来，人人都有获得幸福的

1　在功利主义理论的基本原理中，人与人之间做到完全公正的这种意义，却被赫伯特·斯宾塞先生（英国著名的哲学家、社会学家、教育家，被誉为"社会达尔文主义之父"）在其《社会静力学》（*Social Statics*）一作中被视为一种否定"功利足以引导正义"主张的证据，因为（他说）功利原则是以前面那条原则为先决条件，即人人都有获得幸福的平等权利。这种观点更准确的说法可以是：它假定不管是同一个人还是不同的人，都会觉得同等程度的幸福是值得同等地追求的。然而，这并不是一种预设，不是支持功利原则的一种前提，而是功利原则本身；如果不指"幸福"与"值得追求"是一对同义词的话，功利原则又是什么呢？如果说其中含有什么先验法则的话，它就只能是：算术真理可以用于评价幸福，就像算术真理适用于其他一切可以衡量的数量一样。（在一封讨论以上注释问题的私人信件中，赫伯特·斯宾塞先生并不同意自己被视为功利主义的反对者，并且声称他把幸福视为道德的终极目的；但他认为，从观察到的行为结果中做出经验性的概括，只能部分地实现这一目的，而要完全实现的话，就只能是根据生活规律和生存条件，推断出哪些行为必然会导致幸福、哪些行为必然会导致不幸。除了其中的"必然"一词，我对这种理论并无异议；而且（去掉此词之后），我认为现代的功利主义支持者中没人会持有不同的观点。无疑，斯宾塞先生在《社会静力

平等权利，就意味着人人也能平等地要求拥有获得幸福的一切手段，除非是人类生活中一些不可避免的条件以及将每一个人的利益都包括在内的普遍利益制约了这条准则；而对于那些限制，我们必须做出严格的阐释才行。与其他每一条正义准则一样，平等也绝对不是人们普遍适用或认为它们普遍适用的准则；相反，正如我已经指出的那样，它服从于每一个人的社会利益观念。不过，凡是在人们认为可以应用平等准则的场合下，它也会被视为正义的要求。人们认为，所有的人都有获得平等待遇的权利，除非是某种公认的社会利益要求相反的做法。因此，一切不再被人们视为有利的社会不平等就不但带有纯粹的不利性，而且带有不正义性，会显得极其暴虐，以至于人们往往都不知道大家怎么会一直容忍它们存在；可他们很容易忘记，自己或许会在同样错误的利益观念之下容忍其他的不平等，而纠正这种错误观念之后，他们赞成的事物就会显得与他们最终吸取教训去谴责的事物一样

学》一作中特别提到过，边沁实际上是所有作家中最不愿意根据人性法则和人类生活的普遍条件去推断行为对幸福有何影响的人。对边沁的常见指责，其实是他过于单一地依赖这种推论，并且全然不愿受到依据具体经验所得的一般概括性的约束，而斯宾塞先生却认为，功利主义者通常都局限于这种一般性结论。我本人的观点（而且据我推断，这也是斯宾塞先生的观点）则是，在伦理学和其他所有的科学研究分支中，为任何一个普遍命题提供种类和程度上都足以构成科学证明的证据时，这两种过程的结果保持一致，且能够彼此证实和检验，这是一个必要条件。）——作者注

可怕。社会改良的全部历史，其实就是一系列变迁，借此从一种习俗或制度变化到另一种习俗或制度变化，而一种曾经被人们视为社会生活首要必需品的习俗或制度，则逐渐演变成了一种人人唾弃的不正义和暴虐之物。奴隶与自由民、贵族与农奴、贵族与平民之间的区分一直如此，而由肤色、种族和性别构成的贵族统治将来仍会如此，并且如今在一定程度上已经如此了。

正如前文所述，正义是某些道德要求的统称，而从整体来看，这些道德要求在社会功利的范畴内，地位都要高于其他的道德要求，因此比其他任何一种道德要求都具有更高的义务性；尽管在某些特殊情况下，某种其他的社会义务可能极其重要，以至于会否决任何一条通用的正义准则。比如说，为了救人性命，偷窃和武力抢劫必需的食物或药品、绑架并且强迫唯一能够救人一命的医生来实施救治的做法，就不但有可能获得容许，而且有可能变成一种义务。在这种情况下，就像我们不会把任何一种并非美德的东西称作正义一样，我们通常也不会说正义必须屈服于其他某条道德原则，而是会说，由于那条其他的道德原则，通常情况下的正义在特定的情况下变成了不正义。凭借这种语言上的有益调整，正义所具有的不可无效性便得到了维持，而我们也不必主张世间可能存有值得称颂的不正义了。

我认为，此时已经提出的那些考量因素，便会解决功利主义道德理论中唯一真正的难题。所有的正义问题也都是利益的问题，这一点向来都显而易见；正义与利益的不同之处就在于，与后者相比，前者带有一种独特的情感。假如这种特有的情感得到了充分的解释，假如我们没有必要去假定它的起源具有什么特殊性，假如它纯属自然的愤慨，只是因为要与社会利益的要求保持一致而获得了道德意义，假如这种情感不仅事实上存在而且理应存在于正义观念所对应的各类情形当中，那么正义观念就不再是功利主义伦理学的一块绊脚石了。正义仍会是某些社会功利的恰当统称；它们作为一个整体，会比其他的任何社会功利都重要得多，从而也更具绝对性与强制性（尽管在特定场合下，它们可能并不比其他社会功利更加重要、更具绝对性和强制性）。因此，我们应当且必然会用一种程度上和类型上都有所不同的情感去捍卫它们；与仅想促进人类快乐或便利的观念带有的温和情感不同，这种情感的要求更具明确性，而其约束力也更加严厉。

功利主义

作者 _ [英]约翰·穆勒　　译者 _ 欧阳瑾

产品经理 _ 黄迪音　　装帧设计 _ 董歆昱　　产品总监 _ 李佳婕　　技术编辑 _ 白咏明
责任印制 _ 杨景依　　出品人 _ 许文婷

营销团队 _ 王维思

果麦
www.guomai.cn

以 微 小 的 力 量 推 动 文 明

图书在版编目（CIP）数据

功利主义／（英）约翰·穆勒著；欧阳瑾译.--上海：上海文化出版社，2023.12（2024.11重印）
ISBN 978-7-5535-2856-4

Ⅰ.①功… Ⅱ.①约… ②欧… Ⅲ.①功利主义-研究 Ⅳ.①B82-064

中国国家版本馆CIP数据核字（2023）第220287号

出 版 人：姜逸青
责任编辑：郑　梅
特约编辑：黄迪音
装帧设计：董歆昱

书　名：功利主义
作　者：[英] 约翰·穆勒
译　者：欧阳瑾
出　版：上海世纪出版集团 上海文化出版社
地　址：上海市闵行区号景路159弄A座2楼　201101
发　行：果麦文化传媒股份有限公司
印　刷：北京世纪恒宇印刷有限公司
开　本：880mm×1230mm　1/32
印　张：4
字　数：70千字
印　次：2023年12月第1版　2024年11月第3次印刷
印　数：13,001-16,000
书　号：ISBN　978-7-5535-2856-4 / B. 026
定　价：29.80元

如发现印装质量问题，影响阅读，请联系021—64386496调换。